EXPOSITION UNIVERSELLE INTERNATIONALE DE 1889

A PARIS

CATALOGUE GÉNÉRAL
OFFICIEL

Exposition rétrospective du Travail

ET DES

SCIENCES ANTHROPOLOGIQUES

SECTION IV
MOYENS DE TRANSPORT

LILLE
IMPRIMERIE L. DANEL

M DCCC LXXXIX

EXPOSITION UNIVERSELLE INTERNATIONALE DE 1889
A PARIS

CATALOGUE GÉNÉRAL
OFFICIEL

Exposition rétrospective du Travail

ET DES

SCIENCES ANTHROPOLOGIQUES.

SECTION IV.

MOYENS DE TRANSPORT.

LILLE
IMPRIMERIE L. DANEL.
M DCCC LXXXIX.

Exposition rétrospective du Travail

ET DES

SCIENCES ANTHROPOLOGIQUES

SECTION IV.

MOYENS DE TRANSPORT.

COMITÉ D'ORGANISATION

BUREAU :

MM.

PICARD (Alfred), inspecteur général des ponts et chaussées, président de section au Conseil d'État, *cité Vaneau, 12, à Paris* .... Président.

BIXIO (Maurice), président du Conseil d'administration de la Compagnie Générale des Voitures à Paris, *quai Voltaire, 17, à Paris* .... Rapporteur.

PÉREIRE (Henry), ingénieur civil, administrateur de la Compagnie des chemins de fer du Midi, *boulevard de Courcelles, 33, à Paris* ... . Secrétaire.

MEMBRES :

MM.

AVEROUS, directeur du *Journal des Transports*, rue Malher, 15, à Paris.

BARABANT, ingénieur en chef des ponts et chaussées, directeur de la Compagnie des chemins de fer de l'Est.

BLOUNT (Edward), président du Conseil d'administration de la Compagnie des chemins de fer de l'Ouest, *rue de Courcelles, 59, à Paris.*

CAZAVAN, ingénieur-conseil de la Compagnie des chemins de fer de Paris à Orléans, *boulevard St-Michel, 95, à Paris.*

CENDRE, Inspecteur général des ponts et chaussées, directeur des chemins de fer de l'État, *boulevard St-Germain, 234, à Paris.*

CHABROL, conseiller d'État, membre du Comité consultatif des chemins de fer, *boulevard Haussmann, 85, à Paris.*

CHAUCHAT, conseiller d'État, membre du Comité consultatif des chemins de fer, *boulevard Haussman, 121, à Paris.*

CHOISY, ingénieur en chef des ponts et chaussées, *rue Chomel, 11, à Paris.*

CROZET-FOURNEYRON, député, *rue St-Georges, 52, à Paris.*

CUVINOT, sénateur, inspecteur général des ponts et chaussées, *rue de Phalsbourg, 15, à Paris.*

DEVARENNE (le contre-amiral), directeur général du service des torpilles au Ministère de la Marine et des Colonies.

GRIOLET (Gaston), maître des requêtes honoraire au Conseil d'État, vice-président du Conseil d'administration de la Compagnie du chemin de fer du Nord, *rue de Dunkerque, 18, à Paris.*

GUILLAIN, ingénieur en chef des ponts et chaussées, directeur des routes, de la navigation et des mines au Ministère des Travaux publics, *rue des Sablons, 72 bis, à Paris.*

LESGUILLIER, député, *boulevard Saint-Germain, 9, à Paris.*

PESCHART D'AMBLY, directeur des constructions navales, directeur du matériel de la Marine, *rue Jouffroy. 95, à Paris.*

PONTZEN (Ernest), ingénieur civil, membre du Comité de l'exploitation technique des chemins de fer, *rue Saint-Lazare, avenue du Coq, 3, à Paris.*

SARTIAUX, ingénieur en chef des ponts et chaussées, chef de l'exploitation de la Compagnie du chemin de fer du Nord, *rue de Maubeuge, 73, à Paris.*

THÉVENET, député, *rue Godot de Mauroi, 40, à Paris.*

TISSANDIER (Gaston), directeur du journal *La Nature*, *avenue de l'Opéra, 19, à Paris.*

COMITÉ ANGLAIS

MM.

The Right Hon. Lord Brassey, K. C. B................ **Président.**

Findlay, George, General Manager, L. et N. W. R.
Sutherland, T., M. P., Chairman, P. et O. S. N. C. } **Vice Présidents**

Bartlett, (Ch. Th.,) The Master of the Coach Makers' and Coach Harness Makers' Company, *173, Adelaide Road, South Hampstead, N.*

Bramwell, (Sir Frederick), Bart., *Great George Street, Westminster.*

Burt, (George), J. P., The Master of the Shipwrights' Company, *19, Grosvenor Road, Westminster.*

Chapman, (Henry), M. Inst. C. E., *69, Victoria Street, Westminster.*

Derdar, (James), *35, Bedfort Street, Strand, W. C.*

Elgar, Professor, L. L. D., F. R. S. E., Director, H. M. Dockyards, *Admiralty, S. W.*

Hooper, (G. N.), (Coach Makers' Company), *107, Victoria Street, Westminster.*

Ismay, (Thomas H.), *White Star Line, Liverpool.*

John, (William), Naval Architect, *101, Leadenhall Street, E. C.*

Joyce, (H. E.), *51, Gracechurch Street, E. C.*

Lewis, (Alfred D.), *34, Leinster Gardens, Hyde Park, W.*

Lewis, (Sir W. Thomas), *Bute Docks, Cardiff.*

Lyster, (G. Fosbery), *Mersey Docks Estate, Liverpool.*

Martell, (Benj.), Chief Surveyor to Lloyd's Register of Shipping, *2, White Lion Court, Cornhill, E. C.*

McDermott, (F.), *Wilefriars Street, Fleet Street, E. C.*

Michel, (E.), *London and North Western Railway.*

Nicolson, Admiral (Sir Frederick W. E., Bart., C. B., Chairman of the Conservators of the River Thames, *Thames Conservancy, Trinity Square, E. C.*

Oakley, (Henry), General Manager, G. N. R., *Great Northern Railway.*

Parker, (William), Chief Engineer to Lloyd's Register of Shipping, *2, White Lion Court, Cornhill, E. C.*

Slader, Capt. (Henry Yorke), Elder Brother of Trinity House, *Trinity House, E. C.*

SPAGNOLETTI, (C. E.), Electrical Engineer, *Great Western Railway*, *Paddington*.

TENNANT, (Henry), General Manager, N. E. R., *North Eastern Railway*, *York*.

WILLIAMS, (E. Leader), *Manchester Shep Canal Compagny, Manchester*.

WILSON, (Alexander H.), *Messrs. Hall, Russell et Co., Aberdeen*.

WOOD, (H. Trueman), Secretary, Executive Committee (British Section) of the Paris Universal Exhibition, *Society of Arts, Adelphi, W. C.*

Honorary Secretary: A. SIRE, Agent of the Northern Railway of France, London Bridge, S. E. R.

INTRODUCTION

Lorsqu'est née l'idée de présenter à l'Exposition Universelle de 1889 un résumé de l'histoire du travail, une des sections principales à étudier a été l'histoire des transports, qui constituent l'une des branches les plus importantes du travail, puisque, sans le transport, on ne peut réunir la matière première, échanger les produits fabriqués, ni pourvoir aux conditions de l'existence.

Le transport est né avec l'animal, de quelqu'ordre qu'il soit ; c'est la base de la vie. L'animal se transporte lui-même et transporte ce dont il a besoin. Le transport se perfectionne avec les espèces, avec les besoins, avec les siècles, avec les progrès de la science.

Deux parties distinctes et inséparables se présentent pour l'étude à faire : la voie et le transporteur.

La voie est le premier élément : pour se transporter ou pour transporter, il faut passer. Le transporteur est le second : la voie faite, il faut porter les objets.

C'est l'histoire des perfectionnements de la voie et du transporteur depuis le sentier naturel jusqu'à la voie ferrée, depuis l'homme jusqu'à la dernière locomotive, jusqu'au dernier steamer transatlantique, qu'on a essayé de mettre sous les yeux du public.

Le problème de cette représentation était complexe ; l'espace, le temps, l'argent manquaient pour donner à une pareille exposition tous les développements qu'elle comportait ; on n'a pu présenter qu'un aperçu général de l'idée. Puisse cet aperçu faire naître la pensée d'organiser quelque jour une exposition spéciale plus développée.

2

L'histoire des transports au point de vue de la voie se partage en quatre grandes divisions : la voie de terre, la voie fluviale et maritime, la voie de fer et la voie de l'air.

La voie de terre commence au sentier naturel suivi par l'homme ; elle se continue par la transformation de ce sentier en chemin, puis en route. Elle comprend les moyens de franchir les obstacles opposés par les reliefs du sol et par les cours d'eau et conduit par suite à l'histoire des remblais, des tranchées, des ponts et des tunnels.

L'histoire de la voie fluviale est celle des moyens employés pour améliorer les rivières à courant libre par des digues, des barrages, des écluses et pour passer d'un bassin fluvial dans un autre par des canaux à point de partage.

La voie maritime comporte tous les moyens d'assurer la route des navires, les cartes, le balisage, les phares ; les moyens d'abriter les navires, les rades naturelles et artificielles, les ports ; les moyens de pourvoir à la construction et à la réparation des navires, les cales de halage, les formes de radoub.

L'histoire de la voie de fer comprend l'étude des états divers et successifs de l'infrastructure, de la superstructure, des signaux et appareils télégraphiques.

A l'histoire de la voie de l'air se rattache l'étude des courants aériens, des vitesses du vent.

L'histoire du transporteur par la voie de terre part du premier mouvement de l'homme se transportant lui-même et portant avec ses mains les différents objets à son usage, et s'étend aux engins divers dont il s'est servi pour marcher, traîner, rouler ou porter, tels que chaussures, bâtons, cordes, échasses, rouleaux ; aux animaux dont il s'est fait des auxiliaires ; aux véhicules portés, roulants ou glissants qu'il a imaginés.

L'histoire du transport par la voie fluviale part du tronc d'arbre flottant, du radeau et passe par le canot, le bateau à voile, pour arriver au bateau à vapeur ; ce transport comporte comme moteurs l'homme, la rame, la voile, l'animal de halage, la vapeur, l'air comprimé, l'électricité.

Le transport par voie maritime embrasse toute l'histoire des bâtiments et de leurs transformations, depuis l'époque la plus reculée jusqu'à nos jours.

L'histoire des transports par la voie de fer comprend d'une part celle des moteurs fixes et des locomotives et, d'autre part, celle des voitures depuis le wagon à voyageurs découvert jusqu'à la voiture-hôtel avec salle à manger, chambre à coucher, fumoir, etc.

L'histoire du transporteur par l'air est celle de l'aérostation, depuis la Montgolfière gonflée à l'air chaud jusqu'au ballon dirigeable gonflé de gaz et ayant comme moteurs la machine à vapeur ou la machine dynamo électrique.

Diverses institutions anglaises, l'École nationale des Ponts et Chaussées, le musée des Phares, le musée de la Marine, le conservatoire des Arts et Métiers, les collections particulières ont fourni les éléments de l'exposition qui est offerte au public. L'Angleterre y est brillamment représentée par une série de modèles, d'objets et de dessins du plus haut intérêt historique.

TOPOGRAPHIE DE L'EXPOSITION

Lorsqu'en venant du Parc on se dirige vers le dôme du Palais des Arts Libéraux, on voit sous le vestibule de curieux spécimens des chemins de fer : les deux premières locomotives de Stephenson, «Locomotion» construite en 1825 et «Rocket (La Fusée)» établie en 1829, placées toutes deux sur d'anciennes voies avec dés en pierre ; un wagon de luxe fait pour Lord Wellington en 1833 ; la voiture de la Reine Adélaïde d'Angleterre, et enfin une machine fixe construite par Trevithick en 1803.

Si l'on pénètre dans le palais, on se trouve en face du ballon suspendu sous la coupole. A gauche, est l'édicule en bois dont le rez de chaussée est consacré à l'histoire de la voie.

La cour intérieure est divisée en quatre parties : la première à droite comprend tout ce qui est relatif aux routes et chemins.

La deuxième partie comprend les chemins de fer.

Le troisième carré contient les ouvrages maritimes.

La quatrième partie est relative à la voie fluviale (rivières et canaux).

Dans les galeries de pourtour de la cour correspondant aux quatre divisions, sont groupés les phares, depuis le feu nu jusqu'aux derniers appareils éclairés par l'électricité ; les modèles de bateaux, depuis la pirogue jusqu'au dernier paquebot à vapeur ; les modèles des locomotives et des wagons depuis l'origine jusqu'à l'année 1878 ; les modèles des anciennes voies romaines.

Si, après avoir visité le rez de chaussée de l'édicule, on revient vers la coupole, on voit à droite de la porte un modèle du pont du Forth, le plus grand qui ait encore été exécuté : en face se trouve le pont de Porto construit par M. Eiffel.

On trouve des deux côtés de l'escalier différents modèles de voitures du XVIII⁰ siècle, carrosse, voitures de voyage ou de promenade, une belle litière japonaise et un palanquin sur éléphant.

Au premier étage est exposée l'histoire des transports sur terre. Quelques types de chaises à porteurs et de traineaux, et quelques petits modèles de voitures de voyage, diligence, voitures de luxe ou industrielles, sont disposés sur le plancher ou sur des tables.

Si l'on parcourt à partir de la droite la galerie qui enveloppe la cour, on voit sur les épis une série de photographies et de dessins groupés par siècles, depuis le 30⁰ siècle avant J.-C. jusqu'au XIX⁰ de notre ère, représentant tous les moyens de transport dont le souvenir nous a été conservé par les monuments anciens, les manuscrits des bibliothèques, etc. La visite doit se faire par l'intérieur des épis pour continuer par l'extérieur et revenir au point de départ.

Tournant le dos à cette exposition et se dirigeant vers l'aérostat qui est suspendu sous le dôme, on trouve la magnifique collection de M. G. Tissandier, qui comprend toute l'histoire de l'aérostation. On y rencontre toute une série d'objets d'art, étoffes, faïences au ballon, pendules, dessins, etc., qui ont été faits lors de la découverte des frères Montgolfier pour représenter cette extraordinaire conquête sur l'air.

On y voit les gravures et les estampes qui ont été publiées sur toutes les ascensions célèbres, et l'on a ainsi terminé la visite de l'exposition de l'histoire rétrospective des moyens de transport.

Le catalogue qui suit donne la description des objets exposés et les noms des exposants.

PROGRAMME GÉNÉRAL

1re DIVISION

TRANSPORTS PAR TERRE.

CHAPITRE 1er

La voie.

§ 1. La route de terre aux diverses époques.

§ 2. Moyens de franchir les cours d'eau : les ponts.

§ 3. Instruments pour la construction et l'entretien des routes et les ponts.

CHAPITRE 2

Le transporteur.

Types divers des véhicules pour routes.

2e DIVISION

TRANSPORTS PAR LES VOIES NATURELLES OU ARTIFICIELLES DE NAVIGATION INTÉRIEURE

CHAPITRE 1er

La voie.

§ 1 Plans et cartes de voies de navigation.

§ 2. Moyens d'améliorer les rivières en modifiant leur pente par des barrages.

§ 3. Ouvrages employés pour racheter les chutes.

§ 4. Moyens de faire franchir aux canaux l'obstacle des vallées.

§ 5. Moyens de franchir les obstacles opposés par le relief du sol.

§ 6. Moyens d'alimentation des canaux.

§ 7. Rencontre des voies navigables et des routes.

CHAPITRE 2

Le véhicule fluvial.

Types divers de bateaux de navigation intérieure.

3ᵉ DIVISION

TRANSPORTS PAR MER

CHAPITRE 1ᵉʳ

La voie.

§ 1. Moyens d'assurer la route du navire (cartes marines, balisage, éclairage, instruments nautiques).

§ 2. Moyens d'assurer l'abri du navire (ports).

CHAPITRE 2

Le véhicule.

§ 1. Navires anciens ou exotiques.

§ 2. Navires européens.

4ᵉ DIVISION

TRANSPORTS PAR VOIE DE FER

CHAPITRE 1ᵉʳ

La voie.

§ 1. Les origines.

§ 2. Tracés et ouvrages d'art.

§ 3. Matériel.

CHAPITRE 2

Le Moteur.

§ 1. Types successifs de locomotives

§ 2. Moteurs divers.

CHAPITRE 3

Véhicules; objets divers.

§ 1. Voitures et wagons.

§ 2. Divers.

5ᵉ DIVISION

TRANSPORTS PAR L'AIR

L'aérostation.

EXPOSITION RÉTROSPECTIVE DU TRAVAIL
ET DES SCIENCES ANTHROPOLOGIQUES

SECTION IV
Moyens de Transport
Plan du Rez-de-Chaussée.

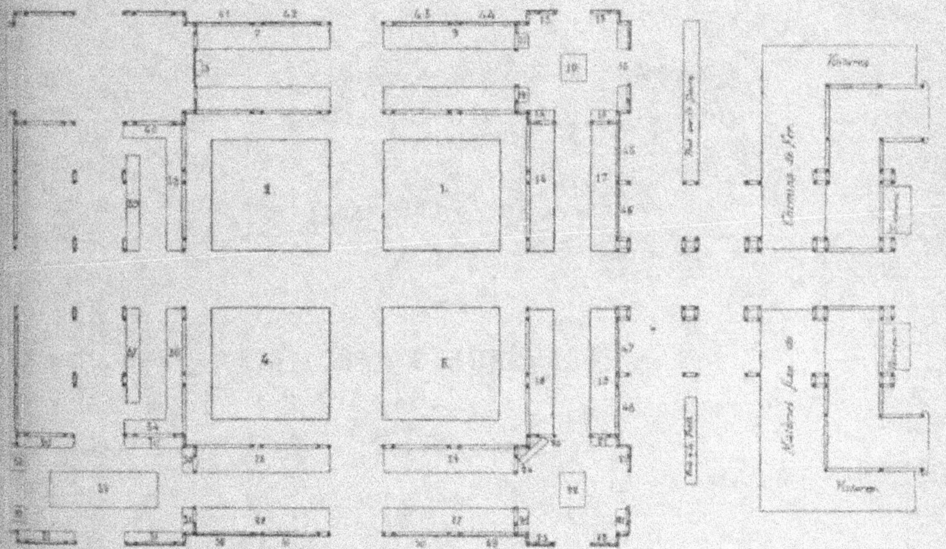

EXPOSITION RETROSPECTIVE DU TRAVAIL
ET DES SCIENCES ANTHROPOLOGIQUES

SECTION IV

Moyens de Transport

Plan du Vestibule extérieur

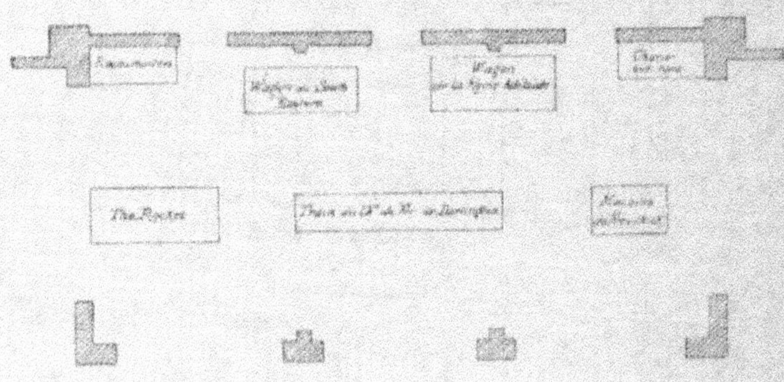

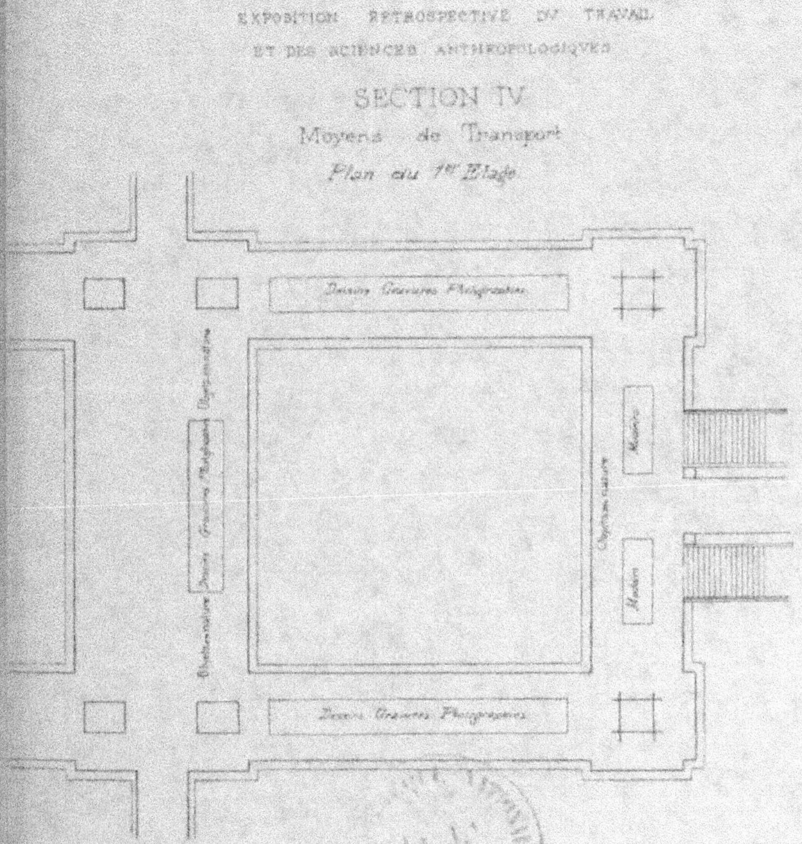
EXPOSITION RETROSPECTIVE DU TRAVAIL
ET DES SCIENCES ANTHROPOLOGIQUES
SECTION IV
Moyens de Transport
Plan du 1er Étage
Dessins Gravures Photographies

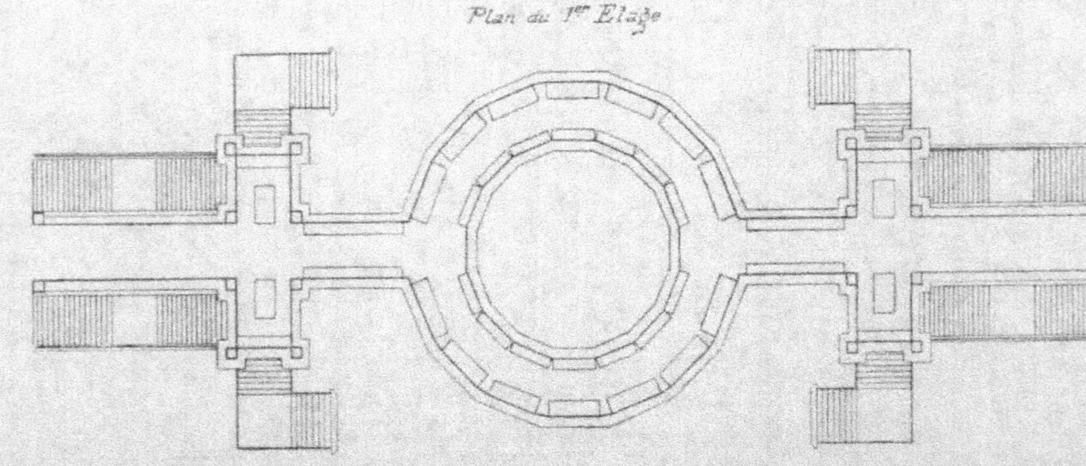

EXPOSITION RETROSPECTIVE DV TRAVAIL
ET DES SCIENCES ANTHROPOLOGIQVES
SECTION IV
Moyens de Transport Aérostation
Plan du 1er Etage

CATALOGUE DES OBJETS EXPOSÉS

NOTA.

Les étiquettes placées sur les objets reproduisent les N^{os} d'ordre du présent catalogue.

Les chiffres de renvoi inscrits au catalogue entre crochets [ ], à la suite des N^{os} d'ordre, répondent aux N^{os} rouges sur carton bleu fixés aux parois, vitrines ou tables de l'Exposition.

L'indication entre parenthèses ( ) qui suit la mention d'un objet, indique le nom du propriétaire, ou celui de la collection à laquelle l'objet est emprunté.

L'abréviation « mod. » doit se lire *Modèle* ; B. N. *Bibliothèque nationale*.

Les objets provenant de l'École ou du service des Ponts et Chaussées sont désignés par les abréviations E. P. C. et S^e P. C.

Ire DIVISION

TRANSPORTS PAR TERRE

CHAPITRE Ier

LA VOIE

§ 1. — LA ROUTE DE TERRE AUX DIVERSES ÉPOQUES.

1. [17]. *Carte des voies romaines*, dite *Carte de Peutinger* (édit. Desjardins). — Livret graphique des routes romaines, dressé vers le Ve siècle. La topographie est déformée de telle sorte que le réseau général des routes romaines soit contenu, avec l'indication des relais, étapes, etc., sur une bande continue de format portatif. (E. P. C.)

2. [17]. *Carte des routes romaines des Gaules.* Redressement partiel de la carte de Peutinger, d'après la publication de Desjardins. (E. P. C).

3. [17]. *Carte des routes de France en 1553*, d'après le « Guide des Chemins de France », par Ch. Estienne. (E. P. C).

4. [15]. *Carte des routes romaines d'Angleterre*, par Th. Leman. (M. Oakley).

5. [15]. *Coupes de chaussées romaines* : Deux coupes empruntées à Bergier (fouilles près de Reins) ; — Une 3e coupe provenant de relevés inédits de M. Matty-de-la-Tour. (E. P. C).

6. [13]. *Construction des chemins dans la généralité de Limoges*, d'après Trésaguet (1755) : Trois coupes de chaussées empierrées, dont une à profil creux. (E. P. C.)

8. [15]. *Route de Toulouse*, partie traversant la généralité de Limoges. — Cartes manuscrites de 1799 (S⁺ P. et C.)

9. [15]. *Grande route de Paris à Toulouse* (S⁺ P. et C.). — Plans et manuscrits, avec indication des travaux exécutés de 1768-86.

10. [15]. *Guide des Voyageurs*, album manuscrit (M. J. Martin). — Livret graphique indiquant les relais, distances, durées de parcours ; en moyenne un jour de trajet équivaut à une heure en train omnibus.

§ 2. — Moyens de franchir les cours d'eau

Ponts romains.

11. [17]. *Pont de Rimini*, tableau (E. P. C.) — Pont biais : cinq arches en plein cintre. Ouverture maximum 10ᵐ,55

12. [17]. *Ponts Saint-Ange et Fabricius à Rome ; Cestius près de Rome*, dessins du XVIIIᵉ siècle (E. P. C.).

13. [12]. *Pont Julien sur le Coulon-Vaucluse*, phot. (S⁺ des P. et C.).

Ponts persans (7 photogr. par M. Dieulafoy).

14. [43]. *Pont de Chouster* (époque sassanide), arches en ogive ; structure rendant inutile l'emploi de cintres pour le corps de la voûte.

15. [43]. *Pont de Disfoul* (époque sassanide), curieuse disposition des assises des tympans.

16. [43]. *Pont d'Erivan*, ogives ; archivoltes profilées.

17. [43]. *Pont de la Fille* XIIᵉ ou XIIIᵉ siècle, trois arches en ogive ; décharges au-dessus des piles.

18. [43]. *Pont de Cherabad*, près d'Ispahan, arches en ogives ; tympans évidés.

19. [43]. *Pont de Krast Namnan*.

20. [43]. *Pont-barrage d'Ispahan*, surmonté de galeries couvertes.

Moyen Age occidental et Renaissance.

21. [17]. *Pont d'Avignon*, fondé en 1177, aquarelle de 1826 (E. P. C.).

22. [17]. *Pont Saint-Esprit*, fondée en 1265, dessin du XVIIIᵉ siècle (E. P. C.).

23. [9]. *Pont fortifié de Valentré à Cahors*, modèle (S⁺ P. C.). XIVᵉ siècle.

24. [1]. *Pont de Pontiffroy à Metz*, modèle (E. P. C.). — Construit en 1310, élargi en 1854.

25. [45]. *Ponts Saint-Martial et Saint-Étienne à Limoges*, phot. (E. P. C.). XIIIᵉ siècle.

26. [15]. *Pont d'Auxerre*, aquarelle (S⁺ P. C.). — Substructions gallo-romaines Ensemble des constructions du XIVᵉ siècle. Restauré en 1858.

27. [44]. *Les Ponts de Cé* au siècle dernier, aquarelle (M. Maréchal).
    Pont Saint-Maurille (substructions gallo-romaines).
    Pont du Louet (XIᵉ siècle).
    Pont Saint-Aubin (id.)

28. [17]. *Pont de Céret* sur le Tech, dessin du XVIIIᵉ siècle (E. P. C.). — Une arche en plein cintre de 45ᵐ d'ouverture ; tympans évidés.

29. [44]. *Ponts de Pontoise*, trois aquarelles (M. Marion).
    Etats en 1820 et 1889
    Reconstitution de l'état au milieu du XVIᵉ siècle.

30. [17]. *Pont de Morterolles* (Haute-Vienne), dessin de 1826 (S⁰ P. C.).

31. [15, 17]. *Ponts de Bonneval* (Eure-et-Loir)., 8 dessins et 6 photogr. (S⁰ P. C.). Un de ces ponts, qui paraît remonter au XVIᵉ siècle, est remarquable par l'appareil biais des têtes.

32. [17]. *Pont des Orfèvres* à Florence, dessin du XVIIIᵉ siècle (E. P. C.).

33. [17]. *Pont de la Trinité* à Florence, dessin du XVIIIᵉ siècle (E. P. C.). — Trois arches à archivoltes profilées en anse de panier aplatie. Ouverture maximum 29m,19 (1570).

XVIIᵉ et XVIIIᵉ siècles.

34. [1]. *Pont de Châlon-sur-Saône*, modèle (E. P. C.). — Cinq arches en plein cintre. Ouverture maximum 10m,40. Construit au XVᵉ siècle ; élargi et décoré de 1784 à 1790.

35. [9]. *Pont de Westminster* à Londres, modèle (E. P. C.). — 15 arches en plein cintre. Ouverture maximum 15m,85. Construit de 1738 à 1750 ; démoli en 1862.

36. [1]. *Pont de Tours*, modèle (E. P. C.). — 15 arches en anse de panier. Ouverture 24m,36, montée 8m,12. Abords d'aspect monumental (1765-77).

    Pont de Neuilly sur la Seine. — Cinq arches en anse de panier. Ouverture 39m, montée 9m,75. Têtes en corne de vache (1768-80) :

37. [17]. Dessin contemporain (E. P. C.)

38. [9]. Modèle d'ensemble (E. P. C.).

39. [9]. Cintre (Conservatoire).

40. [7]. *Pont de Laraur*, dessin du XVIIIᵉ siècle (E. P. C.). — Une arche en anse de panier de 48m,70 d'ouverture (1774-82).

41. [1]. *Pont de Brunoy* sur l'Yères, modèle (E. P. C.). — Trois arches de 5m,85 d'ouverture, flèche 0m,78. Parapet orné (1784-86).

42. [9]. *Pont de Cessart*, à Saumur, perspective et photogr. (S⁰ P. C.). — Arches en anse de panier de 19m,50 (1756-66).

42 bis. [17]. *Pont de Cessart*, Dessin perspectif. (M. Peloux).

43. [15-19]. *Pont sur la Baulches*, Rⁱᵉ Nᵉ nᵒ 6, phot. (S⁰ P. C., 1785).

    Pont de Gignac. — Trois arches. Les arches de rives en plein cintre ; l'arche centrale en anse de panier. Ouverture 47m,26, montée 15m,26 (1776-1807) :

44. [17]. Dessin contemporain (E. P. C.).

45. [1]. Modèle (E. P. C.).

46. [1]. *Pont de Mantes*, modèle (E. P. C.). — Trois arches en anse de panier. Ouverture maximum 30m,00.

    Pont de la Concorde, à Paris. — Cinq arches surbaissées. Ouverture maximum 31m,19 ; flèche 4m,30 (1787-91) :

47. [17]. Dessin contemporain (E. P. C.).

48. [9]. Modèle d'ensemble (E. P. C.).

49. [1]. Modèle d'un essai de corniche et de pyramide décorative en métal (E. P. C.).

50. [15,16]. *Pont de Saint-Florentin* sur l'Armance, phot. (S⁰ P. C., 1805).

51. [1]. *Pont d'Iéna*, à Paris, modèle (E. P. C.). — Cinq arches surbaissées. Ouverture 28m,00 ; flèche 3m,30 (1807-1813).

52. [1]. *Pont en pierre de Bordeaux*, modèle (E. P. C.). — 17 arches. Ouverture
maximum 26^m,49 ; flèche 8^m,02 (1808-1822).

53. [1]. *Pont Saint-Sauveur* sur le Gave de Pau, modèle (E. P. C.). — Arche
plein cintre. Ouverture 42^m,00 ; hauteur de la chaussée au-dessus de
l'étiage 65^m,50 (1860).

54. [1]. *Pont de Tilsitt* sur la Saône à Lyon, modèle (E. P. C.). — Reconstruit en
1862 pour parer aux inondations, 5 arches. Ouverture maximum 22^m,84 ;
flèche 2^m,75.

55. [1]. *Pont-viaduc du Point-du-Jour*, à Paris, modèle (E. P. C.). — Cinq arches
en anse de panier d'une ouverture de 30^m,00, supportant deux routes et
un viaduc pour chemin de fer (1865).

56. [17]. *Pont de Collonges* sur le Rhône, tableau (E. P. C.). — Un arche de 40^m,00
en plein cintre et deux travées métalliques. Fondation à l'air comprimé ; 1re application du système où la chambre de travail seule ren-
ferme l'air comprimé (1870).

57. [1]. *Pont de Claix* sur le Drac, modèle (E. P. C.). — Arc de cercle de 52^m,00
de portée (1874).

58 [1, 43] *Pont des Andelys*, tableau et modèle (E. P. C.). — 4 arches de 33^m,00 en
anse de panier, à tympans évidés (1873).

Ponts en bois.

59 [1]. *Pont de Schaffouse* sur le Rhin, modèle (E. P. C.). — 2 travées : 51^m,97 et
58^m,80. Charpente constituée par des poutres assemblées à crémaillère
et soutenues par des contrefiches. Épaisseur totale des poutres 0^m,86.
Construit en 1757, incendié en 1799.

60 [1]. *Pont de la Salpêtrière*, à Paris, modèle (E. P. C.). — Palées portant 17 arcs
en bois en forme de cintres retroussés de 20^m,24 d'ouverture (1773).

61 [1]. *Pont de Mellingen* sur la Reuss, modèle (E. P. C.). — Un arc en poutres
cintrées ; portée 50^m,00 ; épaisseur 1^m,95 (1794).

62 [3]. *Pont de Savines* sur la Durance, modèle (E. P. C.). — 3 travées de 15^m,00
à poutres avec sous-poutres et contrefiches. Remplacé en 1854.

63 [1]. *Pont pour Mayence*, modèle (E. P. C.). — Projet en arc. Commencement
du siècle.

64 [9]. *Palée du Pont en charpente d'Avignon* sur le bras de Villeneuve (M. Rey-
nier). — 30 travées de 14^m,40.

65 [4]. *Type de travée avec brise-glace*, modèle (E. P. C.).

Ponts de bateaux, bacs.

66 [26]. *Ponts de bateaux* : 2 modèles (E. P. C.). — L'un deux représente le pont
de Rouen au XVIIIe siècle.

67 [26]. *Bac du Calvados*, modèle (E. P. C., 1814).

Ponts métalliques.

68 [1]. *Pont de Constantine*, modèle (E. P. C.). — Pont en fonte franchissant le
Rummel à l'emplacement d'un pont romain en partie conservé.

69 [1]. *Pont d'Arcole*, à Paris, modèle (E. P. C.). — Arche unique en tôle : 80^m,00
d'ouverture, 6^m,12 de flèche, 1120 tonnes de fer (1854-1855).

70 [1]. *Pont de Saint-Just* sur l'Ardèche, modèle (E. P. C.). — 6 travées de fer en
   arc de cercle de 46ᵐ.26 d'ouverture (1853-1861).

71 [2]. *Pont sur la Rivière El Cinca* en Espagne, modèle (E. P. C.). — Arche en
   tôle de 68ᵐ,00 de portée et 7ᵐ,58 de flèche. — Le modèle montre les
   procédés de montage sans cintre (1865).

§ 3. — INSTRUMENTS POUR LA CONSTRUCTION ET L'ENTRETIEN DES ROUTES ET PONTS.

72 [8]. *Cylindre compresseur*, modèle (E. P. C.).

73 [8]. *Machine à ébouer*, modèle (E. P. C.).

74 [8]. *Grue élévatoire avec bigue tournante*, modèle (E. P. C.).

75 [8]. *Sonnettes*, modèles (E. P. C.). — A tiraudes ; — A déclic ; — A échappement ; — A déclic et échappement.

76 [8]. *Grues roulantes*, modèles (E. P. C.). — A volée simple ; — A double volée ;
   — A deux volées ; — A volée variable.

77 [8]. *Appareils de sondage* et 14 sondes, modèles (E. C. P.).

78 [8]. *Scies à recéper*, modèle (E. C. P.). — Une scie circulaire ; une provenant
   du port de Westminster.

79 [8]. *Machine à draguer*, modèle (E. P. C.).

80 [8]. *Chariot roulant* portant les treuils pour l'immersion des caisses à béton,
   modèle (E. P. C.).

81 [8]. *Appareil pour le fonçage des piles* d'un pont sur l'Adour, modèle (E. P. C.).

82 [8]. *Batardeau démontable*, modèle (E. P. C.)

83 [8]. *Caisson batardeau à air comprimé ;* 2 demi-modèles (E. P. C.). — Section
   mettant en évidence le mécanisme du sassement pour le passage de
   l'air libre à l'air comprimé.

84 [8]. *Double pompe de Perronet*, modèle (E. P. C.)

85 [50]. *Screw pump*, phot. (M. Oakley).

86 [15]. *Une vitrine d'instruments de nivellement et de levé de plans :* (E. P. C.).
   Cercle répétiteur de Borda.
   Cercle répétiteur de Gambey.
   Cercle répétiteur de Richer.
   Cercle répétiteur de Lenoir.
   Cercle répétiteur de Jecker.
   Cercle répétiteur de Ferrat.
   Sextant en bois.
   Théodolite olométrique — Porro.
   Théodolite olométrique — Porro.
   Théodolite répétiteur — Brunner.
   Théodolite à une seule lunette — Brunner.
   Graphomètre de Lordelle, 1742.
   Graphomètre à deux lunettes, 1757 — Canivet.
   Graphomètre à lunettes, 1761 — Canivet.
   Graphomètre de Bernier, 1782.
   Graphomètre de Ferrat.
   Graphomètre de Langlois.
   Graphomètre de Richer.
   Graphomètre à pinnules — Butter field.

Graphomètre à pinnules — Butter field.
Graphomètre à lunettes de Bion.
Graphomètre à lunettes de Langlois.
Equerre à pinnules de Ferrat.
Niveau à 2 lunettes, 1761 — Canivet.
Niveau de Dollond.
Niveau à fourches, système Dollond.
Niveau de Chézy.
Niveau de Chézy, à forte lunette.
Niveau à lunette et à bulles d'air.
Niveau à lunette et à bulles d'air.
Niveau à deux lunettes.
Niveau d'Egault (Rochette).
Niveau de Gambey.
Niveau cercle, 1re construction — Lenoir.
Niveau cercle, 2e construction — Lenoir.
Niveau cercle, 3e construction — Lenoir.
Niveau cercle, 4e construction — Lenoir.
Niveau de Porro.
Niveau à bulle indépendante — Brunner.
Niveau de pente.
Niveau de pente — Martin.
Niveau de pente graphomètre.
Niveau de Chézy — Jecker.
Niveau de pente — Lefranc.
Niveau de pente à lunette et à boussole.

Documents manuscrits, imprimés.

87 [15] MANUSCRITS :

> *Voies romaines.* — Monographie de la voie romaine de Besançon à
> Langres, mémoires, relevés inédits, par de Matty, inspecteur
> général des Ponts et Chaussées, 3 vol. (E. P. C.).
>
> *Mémoire sur la construction et l'entretien des chemins* faits en rachat
> de corvée dans la généralité de Limoges depuis 1764. Mémoire
> manuscrit (E. P. C.).
>
> *Notice historique sur le Pont d'Auxerre*, par M. Cléry.

88 [15]. IMPRIMÉS (M. W. Cooke) :

> London et Westminster Improved, 1766 : Gwyn.
>
> Reports, with plans etc of a dry Tunnel from Gravesend to Tilbury-
> also a canal from Gravesend to Stroud, 1798 : Dodd.
>
> Essay on construction of Roads and Carriages, 1813 : Edgeworth.
> Account of proposed Improvements of the Western part of London,
> 1814 : White.
>
> Descriptive history of the steam Engine, 1824 : Stuart.
> Observations on the Re-building of London Bridge, 1824 : Seaward.
> Descriptive history of the steam Engine, 3rd edition, 1825 : Stuart.
> Chronicles of London Bridge, 1827 : Anonymous.
> Elemental Locomotion by means of steam-carriages on common
> Roads, 1832 : Gordon.

Old and New London Bridges with historical notice and essay on
    Bridges from the earliest period by George Rennie, 1833.
Mechanics Magazine. Six selected volumes, 1823-38 : Anonymous.
Explanation of the Works of the Thames Tunnel, 1838 : Official publi-
    cation.
Narrative of twelve years experience on the practicability and advantage
    of employing steam Carriages on common Roads, 1838 : Hancock.
Engineers and Mechanics Encyclopedia (2 volumes), 1838-39 : Hébert.
Practice of making and repairing Roads, 1838 : Hughes.
Explanations of the Works of the Thames Tunnel, 1838.
Life of Thomas Telford (texte et atlas), 1838.

CHAPITRE II.

LE TRANSPORTEUR.

REZ DE CHAUSSÉE. — POURTOUR DE L'ESCALIER.

89. — Cabriolet de voyage du XVIIIe siècle. (M. Guillon).

90. — Fliguette XVIIIe siècle. (M. C. Fournier).

91. — *Norimono*, palanquin japonais, laque noire et or, provenant de la famille des
    Tokougawa, ex-Taïcoun du Japon. (M. Hugues Krafft).

92. — Palanquin porté par un éléphant. — Royaume de Siam.
(Musée du Trocadéro).

93. — Fliguette hollandaise. (Mme Flameng).

94. — Carrosse XVIIe siècle. (M. le Comte Armand).

VITRINE 6.

95 — Modèle de voiture à vapeur pour les routes ordinaires, de l'ingénieur mili-
    taire Cugnot 1770. (Conservatoire des Arts et Métiers).

96. — Modèle de machine routière de Murdock, construite en Angleterre en 1781 ;
    elle a fonctionné pour la première fois en 1784. (M. Tangye, à Birmingham).

97. — Modèle de machine routière 1874. (M. Terry, à Londres).

PALIER.

98. — Brouette du Tonkin, mission Brau de Saint Pol Lias. (Musée du Trocadéro).

99. — Brouette de voyage chinoise. (Musée du Trocadéro).

1er ÉTAGE.

100 — Chaise à porteurs, donnée par le Duc de Richelieu à la famille Ladonne,
    peintures attribuées à Boucher. (M. Ladonne).

101. — Chaise à porteurs. (M. Villedieu).

102. — Modèle de voiture hollandaise. (M. Germain).

103. — Modèle de brouette chinoise. (M. le Marquis de Cambefort).

104. — Modèle de carrosse XVIIe siècle. (M. Meissonier).

105. — Modèle de carrosse XVIIe siècle. (M. Meissonier).

106. — Modèle de diligence de Strasbourg à Paris, construit en 1830 par M. Schmidt.
(M. E. Schmidt).

107. — Modèle de voiture suspendue XVIIIe siècle.
(Conservatoire des Arts et Métiers).

108. — Modèle de mail coach.						(M. Muhlbacher).

109. — Restitution d'un char gaulois.				(Mme Bonnemère).

110. — Modèle de voiture de roulier de Nuremberg.			(Mme Germain).

111. — Dandyhorse (Draisienne) ayant appartenu au premier Comte de Durham 1810
(MM. Atkinson et Philipson de Newcastle).

112. — Traîneau du XVIIIe siècle.				(Mme Flameng).

113. — Traîneau du XVIIIe siècle.				(Mme Flameng).

114. — Types de bergers landais					(Mme Pasqueau).

115. — Modèle de chaise à porteurs chinoise.			(Musée du Trocadéro).

116. — Traîneau XVIIe siècle				(M. Victorien Sardou).

117. — Sellette des équipages de la Reine Adelaïde d'Angleterre.
(MM. Hooper et Cie de Londres).

118. — Modèle de litière chinoise.					(Musée du Trocadéro).

119. — Traîneau hollandais en bois sculpté.			(M. Victorien Sardou).

120. — Traîneau hollandais, d'enfant, 1746.			(Mme Hadrot).

121. — Traîneau d'enfant.						(M. Ch. Fournier).

122. — Chaise à porteurs XIXe siècle.			(M. le Duc de Sutherland).

123. — Modèle de norimono japonais.				(Mme Hadrot).

124. — Douze modèles de chariots, charrettes, brouettes, etc. — XIXe siècle.
(Conservatoire des Arts et Métiers et Ecole des Ponts et Chaussées).

125. — Appareil pour le transport des marbres.		(Ecole des Ponts et Chaussées).

126. — Equipage de la Duchesse de Berri.	(Estampe de la collection Muhlbacher).

127. — Panneau de voiture.		(Collection Atkinson et Philipson de Newcastle).

128. — Tramway de Paris.				(Collection Moreau-Chaslon).

129. — Patins à neige, norwégiens, pour chevaux.			(M. Landrin).

130. — Patins de parqueurs d'huitres.				(M. Pasqueau).

131. — Panneau de voiture.		(Collection Atkinson et Philipson de Newcastle).

132. — Traîneau de l'impératrice Joséphine.			(M. Muhlbacher).

133. — Chaise à porteurs, chinoise.				(Musée du Trocadéro).

134. — Chariot annamite.						(Musée du Trocadéro).

135. — Chaussures orientales.			(Coll. Hughes Krafft et Deveria).

136. — Litière à chevaux du XVIIIe siècle.		(M. le Vicomte Armand).

137. — Traîneau XVIIIe siècle.				(M. Muhlbacher).

138. — Ecussons pour voitures.		(MM. Atkinson et Philipson de Newcastle).

139. — Main de ressort de voiture XVIIe siècle.		(M. Muhlbacher).

140. — Restitution d'un char antique.				(M. d'Allemagne).

141. — Lanternes de voiture XVIIe siècle.		(M. d'Allemagne).

142. — Lanternes de voiture XVIIIe siècle.		(M. d'Allemagne).

143. — Modèle de chariot à 4 roues XVIIIe siècle.	(M. d'Allemagne)

ESTAMPES, DESSINS, GRAVURES ET PHOTOGRAPHIES SUR LES DIVERS MODES
DE TRANSPORT A TRAVERS LES AGES.

COLLECTION de M. MAURICE BIXIO.

Panneau du XXXIXe au Xe Siècle avant Jésus-Christ.

144. — Transport à bras du temps des Egyptiens, tiré des « Monuments de l'Egypte
    et de l'Ethiopie » de Lepsius. (B. N.).
145. — Carcasse d'une Biga conservée au Musée Egyptien de Florence.
146. — Harnais de cheval de selle Assyrien. — Extrait de l'ouvrage de M. A.-H.
    Layard, sur les antiquités de Ninive.

Panneau du IXe au VIIe Siècle avant Jésus-Christ.

147. — Chevaux pris au lacet. — Photographie d'un bas relief assyrien, conservé
    au British Museum de Londres.
148. — Onagre de bât — Photographie d'un bas relief assyrien.

Panneau du VIe au Ve Siècle avant Jésus-Christ.

149. — Caliga Romaine trouvée près de Londres, conservée au British Museum.
150. — Char antique conservé au British Museum.
151. — Chariot à deux roues, d'après un bas relief assyrien.
152. — Chevaux de course. — Peinture de vase. — Tiré de l'Histoire des Romains
    de V. Duruy, édité par Hachette et Cie.

Panneau du Ve au IVe Siècle avant Jésus-Christ.

153. — Coureurs Grecs. — Tirés du « Dictionnaire des Antiquités Grecques et
    Romaines de Daremberg et Saglio, » édité par Hachette et Cie.
154. — Cheval entravé (Scythe). — Tiré du même ouvrage.
155. — Char grec. — Tiré du même ouvrage.

Panneau du IIIe au Ier Siècle avant Jésus-Christ.

156. — Chariot à quatre roues. Mosaïque trouvée en Suisse.
157. — Le Carpentum romain. «Dictionnaire des Antiquités Grecques et Romaines»
    de Daremberg et Saglio, édité par Hachette et Cie.
158. — Char de triomphe romain. — Tiré de l'ouvrage de J.-C. Ginzrot. Des chars
    et chariots chez les Grecs et les Romains. (B. N.).

Panneau du Ier au IIe Siècle.

159. — Eponn déesse des ânes. — Bas relief de Pompéi. — « Dictionnaire des
    Antiquités Grecques et Romaines » Daremberg et Saglio , édité par
    Hachette et Cie.
160. — Litière, terre cuite trouvée à Pompéi. — Tiré du même ouvrage.

Panneau du IIe Siècle.

161. — Chameau de bât. — Tiré du même ouvrage.

162. — Bensa et Arcera romaines. — Tiré de Ginzrot. « Des chars et chariots chez
        les Grecs et les Romains. » (B. N.)
163. — Char d'une prêtresse germaine. — « Histoire des Romains » de V. Duruy,
        édité par Hachette et Cie.
164. — Biga de marbre du Vatican.

Panneau du IIIe au IVe Siècle.

165. — Écurie d'un noble romain. — Mosaïque découverte à Pompei « Histoire
        des Romains » de V. Duruy, édité par Hachette et Cie.
166. — Cisium des romains. — « Dictionnaire des Antiquités Grecques et Romai-
        nes » de Daremberg et Saglio, édité par Hachette et Cie.
167. — Carruca, tiré du même ouvrage.

Panneau du Ve au VIIIe Siècle.

168. — Carruca des préfets de Rome, tiré de « Notitia dignitatum » de Otto
        Seek.
169. — Caparaçon romain. — « Dictionnaire des Antiquités Grecques et Romaines »
        de Daremberg et Saglio, édité par Hachette et Cie.
170. — Chars à deux roues. — Tiré du Pentateucus. Manuscrit latin du VIIe siècle,
        (B. N., n. a. 2334, fo 50).
171. — Chars à quatre roues. — Du même Manuscrit, fo 40.

Panneau du IXe au Xe Siècle.

172. — Charrette à deux roues. — Tiré de l'ouvrage de Strutt, d'après un Manus-
        crit anglo-saxon du IXe siècle.

Panneau du XIe au XIIIe Siècle.

173. — Brouette au XIIIe siècle. — Tiré du Manuscrit Français, 95. (B. N.).
174. — Échasses au XIIIe siècle. — Du même manuscrit.
175. — Voiture chinoise, tiré de « l'Art Chinois de Paléologue.
176. — Charrette à deux roues. — Tiré du Manuscrit latin, 8865. (B. N.).

Panneau du XIVe Siècle.

177 — Voiture à quatre roues. — Tiré du Manuscrit Français, 30. (B. N.).
178. — Litière à chevaux. — Tiré du Manuscrit Français, 30. (B. N.).
179. — Char à deux roues. — Tiré du Manuscrit Français, 119. (B. N.).
180. — Charrette à deux roues. — Tiré du Manuscrit Français, 312. (B. N.).
181. — Charrette à bras. — Tiré du Manuscrit latin, 5286. (B. N.).
182. — Char à deux roues. — Tiré du Manuscrit Français, 30. (B. N.).

Panneau du XIVe Siècle.

183. — Charrette à quatre roues. — Tiré du Manuscrit latin, 5286. (B. N.)
184. — Voiture à quatre roues, pour transport en commun. — Tiré du Manuscrit
        latin, 5286. (B. N.)

Panneau du XVe Siècle.

185. — Collection de gravures tirées des ouvrages de Paul Lacroix, édités par
Firmin Didot ; de photographies tirées des Manuscrits de la Bibliothèque
Nationale, par MM. Poincelet et Guerrero.

186. — Collection de chaussures du Musée de Cluny.

(Collection de M. Mieusement).

187. — Théâtre des instruments mathématiques de Jacques Besson, Dauphinois,
1578.   (Collection Ch. Rossigneux).

188. — Char à quatre roues. — Tiré du Manuscrit Français, 5072. Bibliothèque de
l'Arsenal, par M. d'Allemagne.

189. — Methodus geometrica, 1598. Modèle de compteur.

(Collection du baron de Bethmann).

Panneau du XVIe Siècle.

190. — Gravures du XVe, XVIe et XVIIe siècle.   (Collection Lucien Faucon).

191. — Litière de Charles-Quint, de l'Armeria de Madrid.

(Photographie de Laurent).

192. — Voiture de Jeanne la Folle, des remises du Palais de Madrid.

(Photographie de Laurent).

193. — Voiture à quatre roues. — Tiré du Manuscrit Allemand, 211. Mathieu
Schwartz. (B. N.).

Panneaux du XVIIe Siècle.

194. — Assassinat de Henri IV, par Ravaillac.

195. — Gravures de Van der Meulen.

196. — Première malle poste anglaise de Londres à York.

197 — Dessins de carrossiers du XVIIe siècle.

(Collection de l'Institute of British Carriage Manufactures de Londres).

198. — Chaussures, chaise à porteurs, carrosses.   (Collection Maurice Leloir)

199 — Aquarelles représentant des voitures du XVIIe siècle. Dessins de carrossiers.

(Collection de l'Institute of British Carriage Manufacturers de Londres).

Panneaux du XVIIIe Siècle.

200. — Voitures du Musée de Cluny. — Photographies de Mieusement.

201 — Voitures de Louis II de Bavière.   (Collection Hugues Krafft).

202. — Voitures au XVIIIe siècle. (Coach et Harness Maker- Company de Londres).

203 — Collection de gravures tirées d'ouvrages publiés par Firmin Didot.

204 — Litière de Vauban, tirée de l'album Plans de Besançon.

(B. N. Cab. des Estampes).

205 — Gravures du XVIIIe siècle. — St-Aubin, Debucourt, Baudouin, Jouvat, etc.

(Collection Albert Christophle).

206 — Aquarelles et dessins sur les transports en Chine.   (Collection Regamey).

207 — Carrosses de gala. — Aquarelle d'Oudry.   (Collection Muhlbacher).

Panneaux du XIXe Siècle

DESSINS PHOTOGRAPHIES. AQUARELLES.

208. — La marche, le saut, la course.   (M. Marey).

209. — La marche, la course.

210. — Echasses, patins.

211. — Transport de l'enfant.

212. — Transport de l'homme par l'homme.   (Aquarelle de M. Jolly).

213. — Transports sur la tête et sur l'épaule.

214. — Paniers, crochets, hottes.

215. — Cordes, bricoles, crocs.

216. — Transport de fardeaux par l'homme.

217. — Chaises à porteurs, litières.   (Collection Neblinger).

218. — Vinaigrettes, brouettes charrettes à bras.
                              (Collection Debauve, Plon et Nourrit, Szarwady).

219. — Anes et mulets.

220. — Animaux de bât et de trait.

221. — Chevaux   (Collection Debar).
   Librairie agricole de la Maison Rustique.

222. — Chameaux, autruches, rennes, éléphants, bœufs
                              (Plon et Nourrit, Magasin Pittoresque, etc.).

223. — Chiens.

224. — Courses au Champ de Mars en 1814.   (Collection Moreau-Chaslon).

225. — Voitures et livrées de Vienne.   (Collection Muhlbacher fils).

226. — Modèles de voitures.   (Collection Lesage).

227. — Modèles de voitures.   (Collection Hooper et Cie de Londres).

228. — Voitures de luxe. — Voitures du Lord maire de Londres.
          (Collections Coachmakers Company de Londres, Ch. Delagrave, Andw W.
          Barr de Londres).

229. — Transports agricoles et industriels.
                  (Collection Neblinger, Dreyfus et Coachmakers Company).

230. — Voitures de voyage.   (Collections Hooper et Cie de Londres).

231. — Diligences   (Collections Hooper et Cie de Londres, Ch. Delagrave).

232. — Malles poste.   (Collection Tongas).

233. — Voitures de place. (Collection C. Neblinger). Dessins à la plume de Crafty).

234. — Collection André Colin.

235. — Omnibus   (Collection Moreau-Chaslon).

236. — Transports funèbres.   (Collection Neblinger).

237. — Transports dans les rues. Photographies.

238. — Premier train belge 1835.

239. — Aquarelles.   (Collection Véragen).

240 — Aquarelles.   (Collection Pelletier).

241. — Voitures diverses.
      (Collection de MM. Atkinson et Philipson de Newcastle et Andw W. Barr de
          Londres.

242. — Voitures à vapeur.   (Collection Jodot).

243. — Modèles de voitures.   (Collection Muhlbacher).

2ᵉ DIVISION

TRANSPORTS PAR LES VOIES NATURELLES OU ARTIFICIELLES DE NAVIGATION INTÉRIEURE.

CHAPITRE Iᵉʳ.

LA VOIE.

§ 1. Plans et cartes de voies de navigation.

244 [19 et 26]. — *Plan du Canal de Midi en 1774.* (Compagnie propriétaire du Canal). Carte montée sur rouleaux et accompagnée des dessins des principaux ouvrages d'art.

245 [26]. — *Canal de Birmingham.* Plan relief (M. Jebbs). Plan relief indiquant les rectifications de l'ancien canal, 1825.

246 [21]. — *Carte des rivières, chemins de fer et canaux d'Angleterre*, par Telford (Great Northern railway).

247 [21]. — *A plan of the Aire and Calder navigation.* 1828, (M. Jebbs).

248 [21]. — *Inland navigation.* Carte par N. Priestley et Walker, 1830, (M. Oakley).

249 [21] — *Map of the Shropshire union canal.* 1836. Jebbs Engineer (M. Jebbs).

250 [25]. — *Bradshaw's map of canals*, navigable rivers, railroads etc., of Midland contries of England.

§ 2. Moyens d'améliorer les rivières en modifiant leur pente par des barrages.

(Dispositions diverses de barrages mobiles pouvant être effacés lors des crues).

251 [21]. — *Pertuis à câble* sur l'Yonne. Dessin (Sᶜᵉ P. et C.). Le barrage est composé de madriers verticaux appuyés en tête contre un câble que l'on détend lorsqu'on veut supprimer la retenue.

252 [3]. — *Barrages mobiles à fermettes.* Mod. (E.P.C.). Barrage à aiguilles maintenues par des fermettes mobiles en fer. Lors des crues on supprime les aiguilles et on rabat les fermettes.

253 [3]. — *Pertuis de Clamecy et barrage de Basseville.* Mod. (Sᶜᵉ P. et C.) Pertuis de Clamecy : Fermeture par aiguilles appuyées contre une traverse en bois formant passerelle. Barrage de Basseville : à aiguilles sur fermettes mobiles.

254 [3]. — *Barrage à fermettes mobiles et à échappement. Barrage à hausses avec mécanisme automoteur.* Mod. (E.P.C.). Modèle comparatif, mettant en regard les deux systèmes de fermeture, par aiguilles sur fermettes mobiles, et par hausses. Les *fermettes* sont en fer à section carrée et peuvent se rabattre autour d'un axe horizontal.

Les *hausses* sont des panneaux maintenus debout contre le courant par des arcs-boutants. L'abatage se fait automatiquement : l'eau parvenue à un certain niveau s'introduit par une vanne ménagée dans la pile et agit sur une roue hydraulique qui met en mouvement la *barre à talon*. 1841-49.

255 [3]. — *Barrage de la Neuville-au-Pont.* Mod. (E.P.C.). Deux portes à axes horizontaux s'arc-boutant ; on les soulève par un jeu de sous-pression obtenu en mettant le dessous du système en communication avec le bief d'amont. 1847-59.

256 [3]. — *Barrages de la Marne.* Mod. (E.P.C.). Deux ailettes solidaires (hausse et contre-hausse) tournent autour d'un axe horizontal ; la contre-hausse est logée dans un tambour et peut être mise en communication avec les biefs soit d'amont, soit d'aval. Le surcroît de pression du bief d'amont détermine le relevage. 1855-67.

257 [3]. — *Porte d'écluse et barrage de la Monnaie* sur la Seine, à Paris. Mod. (E.P.C.) Tablier cylindrique équilibré, à génératrices horizontales, mobile autour de son axe de figure et pouvant s'élever au niveau que la tenue des eaux exige. 1852.

258 [3]. — *Barrage de Martot.* Mod. (E.P.C.) Barrage à aiguilles sur fermettes mobiles en fer laminé. Hauteur de retenue 3^m. Poids d'une fermette 212 kil.

259 [3]. — *Barrages mobiles de la Haute-Seine.* Bateau de manœuvre. Mod. (E.P.C.). Barrage comprenant deux parties : une passe navigable avec hausses mobiles de 3^m de hauteur ; et un déversoir avec hausses *automobiles* de 2^m de hauteur. Chaque hausse mobile est maintenue en place par un arc-boutant. On l'abat en poussant l'extrémité de cet arc-boutant à l'aide d'une barre à talons ; on la relève au moyen d'un crochet attaché à une corde fixée au bateau de manœuvre. L'abatage se fait de la rive à raison de 2 secondes par mètre courant, le relèvement à raison de 1 minute un quart par mètre courant. Les hausses automobiles du déversoir, ayant leur axe de rotation presqu'à mi-hauteur, basculent spontanément dès que la nappe déversante acquiert une certaine épaisseur, et se redressent d'elles-mêmes, dès que la retenue s'est abaissée de 10 à 15 centimètres au-dessous de son niveau normal.

260 [3]. — *Barrage d'Ablon* sur la Seine. Passe navigable et déversoir, mod. (E.P.C). — Le barrage de la passe navigable est à hausses avec arcs boutants, qui s'abattent à l'aide d'une barre à talons. — Le barrage du déversoir est à fermettes mobiles et aiguilles manœuvrées à l'aide d'un treuil porté par la passerelle même qui surmonte les fermettes.

261 [3]. — *Barrage à hausses mobiles de Port-à-l'Anglais* sur la Seine. Mod. (E. P. C.). — L'abatage se fait par une barre à talons, et une passerelle sur fermettes mobiles sert à la manœuvre de relevage.

262 [3]. — *Barrage de la Mulatière*, près de Lyon. — Barrage à hausses mobiles avec glissières à deux crans. Il suffit pour l'abatage de tirer la hausse vers l'amont ; l'arc boutant quitte son arrêt et glisse. Le

relevage se fait à l'aide d'un treuil porté par une passerelle sur fermettes mobiles.

263 [3]. — *Echelle à Saumons* du barrage de Chatellerault, mod. (E. P. C.)

§ 3. — OUVRAGES EMPLOYÉS POUR RACHETER LES CHUTES.

264 [24]. — *Overdrachs* sur le canal d'Ypres à Nieuport (Belgique). Dessin (S. P. C.) Système de plans inclinés à traction, connu dès 1169.

Série de dessins relatifs aux écluses des canaux de Briare, d'Orléans et du Loing. (S^se P. C.)

265 [23] — Profil des sept écluses de Rogny et des quatre écluses de Moulin-Brûlé, un dessin.

266 [46]. — Vue des sept écluses de Rogny, Phot.

267 [23]. — Projet de l'Écluse d'embouchure du canal d'Orléans 1688.

268 [23 et 27] — Écluse du Mée, 1777, cinq dessins d'exécution : plan, coupe du sas et de l'aqueduc de remplissage, détails des portes.

Série de dessins appartenant aux archives départementales d'Ille-et-Vilaine. Écluse de Mâlon et de son déversoir :

269 [2]. — Dessin d'ensemble 1787.

270 [23]. — Les portes et leur ancrage, dessin 1786.

271 [21]. — Écluses et pêcheries du Pont de Réan, dessin 1788.

272 [21]. — Pont de halage en charpente, dessin 1788.

Écluses hollandaises empruntées à un « Voyage d'Hollande », du XVIIIe siècle (E. P. C.):

273 [27]. — Écluses de Schiedam. Plan général, coupe indiquant les fondations sur pilotis, installation des chantiers.

274 [29]. — Écluse de Gorkum. Plan et détail des portes.

275 [3] — *Demi-écluse ou pertuis sur la Charente.* Mod. (E. P. C.). — Ouverture du pertuis 6m15. — Portes busquées en bois, à vannes, gouvernées à l'aide de balanciers, 1772-77.

276 [3]. — *Écluse du canal du Nord.* Mod. (E. P. C.). Longueur utile 46m, largeur 6m00. Portes busquées à ventelles et balanciers. 1806.

277 [3]. — *Écluse du Blavet canalisé.* Mod. (E. P. C.). Longueur utile 20m75, largeur, 4m70. Portes à vannes et balanciers.

278 [3]. — *Portes d'écluse en tôle du canal St-Maurice.* Une des premières écluses où les fers laminés aient été employés. Entretoises inégalement distantes. 1863.

279 [3]. — *Porte d'écluse du canal du Canada.* Mod. (E. P. C.). Portes en bois. Bordage fait de poutrelles disposées horizontalement.

280 [23]. — Chester northgate. Locks gates : open, closed. Phot. (M. Jebbs).

281 [23]. — Andela locks from above, bellow. Phot. (M. Jebbs).

282 [23]. — Guillotine gate trenchs locks: closed, open. Phot (M. Jebbs).

§ 4. — Moyens de faire franchir aux canaux l'obstacle des vallées : Ponts-aqueducs

283 [23]. — *Pont Ghysillian aqueduct.* Phot. (M. Jebbs).

284 [23]. — *Cast iron aqueduct at Longdon.* Phot. (M. Jebbs).

285 [3]. — *Pont canal sur l'Albe,* Canal des houillères de la Sarre. Mod. (E. P. C.)
Cuvette en tôle 1863.

286 [46]. — *Pont écluse et pertuisé de Bellombre.* Phot. (8ᵉ P. C.)
Sur arcs surbaissés en maçonnerie ;

287 [46]. — *Pont-aqueduc de Montreuillon.* Phot. (8ᵉ P. C.)
Sur arcades en plein cintre.

288 [1]. — *Ancien projet de Pont-Canal* en brique et pierre. Mod. (E. P. C.)

§ 5. — Moyens de franchir les obstacles opposés par le relief du sol.

289 [23]. — *Cowley tunnel,* 2 Phot. (M. Jebbs).

290 [23]. — *Berwick tunnel.* 2 Phot. (M. Jebbs).

291 [23]. — *Tranchée de Chester.* Phot. (M. Jebbs).

§ 6. — Moyens d'alimentation des canaux.

292 [3]. — *Réservoir de Montaubry.*   Canal du Centre. Modèle (E. P. C.)
Réservoir des Settons.— Yonne :

293 [27]. — Tableau pittoresque (E. P. C.)

294 [46] — Photographie. (8ᵉ P. C.)

295 [49]. — *Belvide réservoir.* 3 Phot. (M. Jebbs).
A titre de rapprochement ; Barrages de réservoirs étrangers aux besoins
de la navigation ;

296 [3]. — *Réservoir du Furens.* Mod. (E. P. C.). — Construit sur plan courbe.

297 [46]. — *Barrage persan de Saveh,* XVIᵉ siècle. (Phot. M. Dieulafoy).

§ 7. — Rencontre des voies navigables et des routes.

298 [3]. — *Passage à niveau du torrent du Libron.* — Canal du Midi. — Mod.
(E. P. C.) 1856.

299 [21]. — *Pont à faire à la jonction des canaux de Narbonne et du Languedoc.*
Dessin du XVIIIᵉ siècle. (E. P. C.)

300 [1]. — *Pont en arc surbaissé sur le canal de Bourgogne.* Mod. (E. P. C.)

301 [21]. — *Pont mobile pour wagons isolés de 16 t.* sur l'embranchement qui relie
la saline de Rozière Varangeville au chemin de fer de Paris à
Avricourt. Dessin et notice (8ᵉ P. C.)

302 [9]. — *Pont-levis sur le canal du Nord.* Mod. (E. P. C.)

303 [9]. — *Pont-levis de Lestrem sur la Lave.* Mod. (E. P. C.) Pont sans
contre-poids.

CHAPITRE II.

LE VÉHICULE FLUVIAL

Coches d'Auxerre : bateaux de voyageurs remontant au règne de Charles IX. (S^{on} P. C.) :

304 [26]. — 2 bateaux : modèle accompagné d'une notice imprimée et d'une ancienne fiche explicative.

305 [21]. — Le Coche Saint-Macaire : Dessin.

306 [21]. — Le Coche Saint-Victor, 1808 : Dessin.

307 [26]. — Flûte (bateau allongé) sur l'Yonne, type actuel : modèle.

308 [23]. — Coche et Flûtes d'Auxerre : 11 dessins.

309 [26]. — Bateau en usage sur l'Yonne entre Auxerre et Paris, 1840-50.

310 [25]. — *Bateau anglais de navigation intérieure*, Phot. (M. Oakley).

311 [52]. — *Bateau anglais pour canaux*, 2 Phot. (M. Oakley).

312 [24]. — *Types de Bateaux de l'Est* (S^{on} P. C.) :
Bateaux meusiens ou ardennois,
—   champenois.
Bateaux et mode de traction.
Type de remorqueur.

313 [26]. — *Types de Bateaux du Rhône*, Mod. et notice (Comp. Gén. de navigation) :
Bateaux plats avec remorqueurs à *grappins* prenant leur point d'appui sur le fond même du fleuve :
2 remorqueurs.
1 train de 4 bateaux.
1 bateau à roues de 150 mètres.

314 [4]. — *Train de bois sur l'Yonne*, Mod. (S^{on} P. C.)

315 [51]. — *Bateaux brise-glaces*, anciens et nouveaux, 2 phot. comparatives. (M. Oakley).

ANNEXE

Pièces historiques. — Documents manuscrits et imprimés

316 [23]. — *Pièces historiques : Canal de Briare* : Original des Lettres patentes de 1638. (Archives du Loiret).

317 [25]. — Canal d'Orléans : Édits de création de 1679 : 2 parchemins. (Archives du Loiret). — Procès-verbal de 1688, contenant les rapports des experts pour l'emplacement de l'écluse d'embouchure en Loire. (Archives du Loiret). — Avis sur l'emplacement de l'écluse d'embouchure, 1688. (Archives du Loiret). — Bail au rabais pour la construction de deux écluses, 1695. (Archives du Loiret).

318 [25]. — *Canal du Loing* : Original des Lettres patentes de 1719. (Archives du Loiret). — Devis des ouvrages de maçonnerie, 1719. (Archives du Loiret).

319 [21]. — *Mémoires : Treatise on Inland navigation.* Philips 1875. (M. Oakley).
A treatise on canal navigation. Fulton 1796. (M. Cooke. —
Notice sur le flottage de l'Yonne : Manuscrit par M. Mazoyer.
(1889). — *Notice sur Cosnier,* Ingénieur du canal de Briare,
manuscrit par M. Lebbe-Gigan (1889). — *Notice sur la Cie générale de Navigation* (1889).

3ᵉ DIVISION.

TRANSPORTS PAR MER.

CHAPITRE 1ᵉʳ.

LA VOIE

§ 1. Moyens d'assurer la route du navire (cartes marines,
balisage, éclairage, instruments nautiques).

I. Cartes Marines (Dépôt de la Marine, service hydrographique) :

320 [40]. — *Parties du monde connu,* 1573.
321 [39]. — *Côtes d'Europe, d'Afrique et d'Amérique,* 1613.
322 [40]. — *Les quatre parties du monde,* 1625 (?).
323 [29]. — *Les cinq parties du monde :* commencement du XVIIᵉ siècle.
324 [34]. — *Côtes occidentales de la France* depuis Calais jusqu'à Bayonne ; 1627
325 [29]. — *Carte universelle hydrographique,* 1634.
326 [29]. — *Océan Atlantique :* de l'Irlande au Cap de Bonne Espérance, 1667.
327 [29]. — *Côtes de Catalogne,* 1680, remarquable par les figures symboliques
qui la décorent.

328 [29] — *Iles Majorque, Minorque et Ieice,* 1680, même auteur que la précédente (Pène).

329 [29] — *Seine maritime :* Plans et profils en long comparés en 1824 et 1877
(E.P.C.).

II. Balisage et éclairage.

a) Balises.

340 [38]. — Balise en fer d'Antioche Modèle (Musée des Phares). — Balise établie
en 1859 sur le rocher d'Antioche entre les îles de Ré et d'Oleron.
Hauteur du sommet au-dessus du rocher, 13ᵐ80 ; au-dessus des
plus hautes mers 10ᵐ47. Dépense 21,000 fr. 00. Poids des fers et
fontes 15,500 kilogrammes.

341 [40]. — Tour-balise du Bavard. Modèle (Musée des Phares). — Ouvrage construit en 1863, sur l'écueil du Bavard, situé à 5,600ᵐ, au S.O. de l'île de Noirmoutier. Côte du rocher : 0ᵐ30 au-dessus des basses mers de vive eau ordinaire. Hauteur des maçonneries 9ᵐ35. Hauteur du voyant-balise en fer terminée par une sphère 2ᵐ35. Dépense 40,000 francs.

342 [39]. — Collection de modèles de bouées (Musée des Phares). — Cette collection comporte : Une bouée à cloche, une bouée ordinaire Nᵒ 1, une bouée ordinaire Nᵒ 2, une bouée ordinaire Nᵒ 3, une bouée d'amarrage, une bouée bateau, une bouée Gouézel, une bouée à fond rentrant, deux bouées anglaises, et une bouée à signal sonore automatique du système Courtenay.

343 [39]. — Collection des modèles des engins accessoires de balisage. (Musée des Phares). — Cette collection comprend les divers types de chaînes, d'ancres et de corps-morts en usage dans le service des Phares et Balises.

b) *Édifices.*

344 [34]. — Phare des Héaux de Bréhat. Modèles (E. P. C.). Construit de 1836 à 1839, sur l'écueil des Héaux de Bréhat (Côtes du Nord). Hauteur 48ᵐ50. Fondation à 4ᵐ50 au-dessous du niveau des hautes mers. Dépense, non compris l'appareil d'éclairage 531,679 francs.

345 [36]. — Phare des Barges d'Olonne. Modèle (E. P. C.). — Construit de 1858 à 1861, sur la Grande Barge d'Olonne (Vendée), roche d'un accostage des plus difficile. Fondation à 0ᵐ70 en contre-bas du niveau des basses mers de vives eaux ordinaires. Hauteur de la tour 27ᵐ50. Dépense 450,000 francs.

346 [36]. — Phare de la Banche, Modèle (Musée du dépôt des Phares). — Établi en 1865 sur l'écueil de la Banche (Loire-Inférieure). Fondation 5ᵐ au-dessous du niveau des hautes mers. Hauteur 26ᵐ50. Dépense 551,000 fr. 00.

347 [39]. — Phare du Four. Modèle (E. P. C.). — Situé sur la roche du Four (Finistère). Allumé le 15 mars 1874. Hauteur 25ᵐ00. Dépense 250,000 fr.

4476— [49]. Phare du Four. Dessin.

348 [36]. — Phare de la Nouvelle Calédonie Modèle (Musée du Dépôt des Phares). — Tour en fer de 45ᵐ00 de hauteur, construite à Paris et transportée en 1865 sur l'îlot Amédée à 13 milles de Nouméa. Poids 340,000 kilogrammes. Dépense 229,000 francs.

349 [36]. — Phare d'Ar-Men. Modèle (E. P. C.), établi sur l'écueil d'Ar-Men (Chaussée de Sein). La construction de cet ouvrage avait, pendant longtemps, été considérée comme irréalisable ; elle a présenté des difficultés tout à fait exceptionnelles, dues à l'extrême violence de la mer dans le Raz-de-Sein, et à la faible altitude de la roche au-dessus des plus basses mers (1ᵐ50). Hauteur de la tour 33ᵐ50. Durée de la construction : de 1869 à 1879. Dépense 737.135 fr.

350 [39]. — Tourelle en fer pour feu de port. Modèle. (Musée du Dépôt des Phares).

351 [36]. — Cabane en fer avec candélabre pour feu de port. Modèle. (Musée du
Dépôt des Phares).

352 [35]. — Ancien phare de Cordouan, construit par Louis de Foix. Dessin
(Musée du Dépôt des Phares).

353 [35]. — Phare actuel de Cordouan. Dessins (E. P. C.).

354 [31]. — Phare du Cap Spartel (Maroc). Dessin. (Musée du Dépôt des Phares).
1864.

355 [41]. — Phare des Triagoz (Côtes-du-Nord. Dessin. (E. P. C.). 1864

356 [34]. — Phare de La Croix (Côtes-du-Nord). Dessin (E. P. C.). 1867

357 [52]. — Phare de La Palmyre (Charente-Inférieure). Dessin. (E. P. C.). 1870.

358 [40]. — Phare de Saint-Pierre-de-Royan (Charente-Inférieure. Dessin.
(E. P. C.). 1873.

c) *Feux flottants.*

359 [39]. — Ancien feu flottant anglais « The Well », établi en 1788. Modèle.
(Collection de la Corporation de Trinity House).

360 [37]. — Feu flottant anglais « Goodwin », établi en 1878. Modèle. (Collection
de la Corporation de Trinity House.

d) *Appareils d'éclairage* (Musée du dépôt des Phares).

361. — Appareil pour feu tournant avec réverbères sphériques et lampes à mèches
plates. — Installé en 1817, sur le phare de l'Ailly, et spécimen de ceux
qui furent employés vers cette époque dans les principaux phares de
France.

362. — Appareil pour feu tournant avec réflecteurs paraboliques et becs d'Argand.
Construit en 1791, par Lenoir, sous la direction de Borda. Des appareils
analogues furent installés dans divers phares de France, de 1791 à 1822.

363. — Réflecteur Lenoir, de 0m85 d'ouverture. — Construit par Lenoir, en 1791.

364. — Réflecteur à double effet, de Bordier-Marcet, de 0m78 d'ouverture. —
Construit en 1811, par Bordier-Marcet, et type de ceux qui furent
employés à partir de cette date sur divers points du littoral.

365. — Réflecteur parabolique anglais. — Exécuté vers 1818, par Robinson, four-
nisseur de la Corporation de Trinity House.

366. — Appareil tournant à réflecteurs. — Exécuté en 1852. Employé comme feu
provisoire.

367. — Appareil à réflecteurs pour feu clignotant avec machine de rotation. 1865 —
Type de ceux qui fonctionnent dans plusieurs phares français.

368. — Première lentille à échelons, de forme polygonale, pour feu à éclats de
minute en minute. — Construite en 1821 par Augustin Fresnel et expé-
rimentée le 13 avril de la même année, sur les bâtiments de l'Obser-
vatoire.

369. — Première lentille à échelons, de forme circulaire, pour feu à éclats de
minute en minute. — Construite en 1821 par Augustin Fresnel et expé-
rimentée le 8 septembre de la même année, au sommet de l'Arc de
l'Étoile.

370. — Premier appareil lenticulaire de 1er ordre, pour feu à éclats de minute en
        minute. — Installé par Augustin Fresnel, le 25 juillet 1823, sur la tour
        de Cordouan.

371. — Premier appareil lenticulaire de feu fixe de 0m59 de diamètre. — Présenté
        par Augustin Fresnel, à l'Académie des Sciences, le 3 mai 1824, et
        installé le 1er février 1825, sur la tour de Leugenaer, à Dunkerque.

372. — Premier appareil lenticulaire, de 0m59 de diamètre, pour feu fixe varié par
        des éclats. — Expérimenté à Corneilles, le 11 mai 1825.

373. — Premier appareil lenticulaire contenant des anneaux catadioptriques. —
        Construit en 1826. — Dernière invention d'Augustin Fresnel, mort en
        1827.

374. — Premier appareil de feu fixe de 0^m30 de diamètre, avec anneaux cata-
        dioptriques. — Commencé par Augustin Fresnel en 1827 et terminé
        après sa mort.

375. — Appareil en verre moulé pour feu fixe, blanc varié par des éclats rouges.
        — Construit en 1859.

376. — Appareil en verre moulé pour feu de Direction. — Construit en 1860.

377. — Panneau lenticulaire complet à joints inclinés pour feu fixe de premier
        ordre. — Ce panneau, a été établi, ainsi que les suivants, en 1866.

378. — Panneau lenticulaire complet pour feu fixe de deuxième ordre.

379. — Panneau lenticulaire complet pour feu fixe de troisième ordre.

380. — Panneau lenticulaire complet pour feu à éclats de premier ordre.

381. — Panneau lenticulaire complet pour feu à éclats de deuxième ordre.

382. — Panneau lenticulaire complet pour feu à éclats de troisième ordre.

383. — Lentille à éléments verticaux de premier ordre.

384. — Lentille à éléments verticaux de deuxième ordre

385 — Lentille à éléments verticaux de troisième ordre.

386. — Réflecteur catadioptrique de premier ordre.

387. — Réflecteur catadioptrique de deuxième ordre.

388. — Réflecteur catadioptrique de troisième ordre.

389. — Lentille annulaire dioptrique de premier ordre.

390. — Appareil de feu fixe de quatrième ordre avec réflecteur catadioptrique.

391. — Appareil lenticulaire pour feu de direction.

392 — Appareil lenticulaire pour feux provisoires de différents caractères.

393. — Appareil lenticulaire de feu de marée indiquant les hauteurs d'eau.

394. — Moule pour un anneau d'appareil en verre taillé.

395. — Anneau de verre sortant du moule.

396. — Anneau de verre dont une face seulement a été taillée.

      e) Machines de rotation. — Lampes et becs. — Accessoires.

      (Musée du dépôt des Phares).

397. — Machine de rotation avec volant à déclic réglé par une horloge à pendule et
        à échappement. — Construite en 1780.

398. — Machine de rotation avec pendule à seconde et à échappement. — Cons-
        truite en 1791.

399. — Ancienne machine de rotation d'appareil de premier ordre, sans balancier,
        avec volant se réglant à la main. Construite en 1821.

400. — Lampe à niveau constant, à mèche plate, avec réverbère sphérique.

401. — Lampe à niveau constant avec bec d'Argand.

402. — Lampe à mouvement d'horlogerie dite lampe Wagner.

403. — Lampe à échappement à chevilles.

404. — Lampe à modérateur à poids intérieur.

405. — Lampes hydrostatiques de Girard.

406. — Lampe et réflecteur de feu flottant à huile de colza.

407. — Lampe et réflecteur de feu flottant à huile minérale.

408. — Réflecteur anglais pour feu flottant.

409. — Lampe avec réflecteur porté sur tringle.

410. — Collection de becs de lampes à huile de colza employés dans les phares de
        1823 à 1874.

411. — Lampe Maris pour huile minérale, avec cheminée à boule. 1851.

412. — Collection de becs Doty pour huile minérale. 1868.

413. — Collection de becs à huile minérale de forme étagée, 1870.

414. — Collection de cheminées blanches, rouges et vertes, des divers ordres, pour
        becs à huile minérale.

415. — Collection de mèches de divers diamètres pour huile minérale.

416. — Collection de photographies de flammes.

f) Phares électriques (Musée du dépôt des Phares).

417. — Première machine magnéto-électrique de la Compagnie l'*Alliance*. Cette
        machine a été imaginée par MM. Nollet, professeur de physique à
        Bruxelles et Joseph Van Malderen, mécanicien, d'après le même principe
        que les appareils de Pixii et de Clarke. On peut la considérer comme
        étant le point de départ de toutes les tentatives qui ont été faites
        depuis pour transformer industriellement la force en électricité, et
        par suite en lumière.

418. — Un aimant de la machine magnéto électrique de la Compagnie l'*Alliance*.

419. — Disque de bobines de la machine magnéto-électrique de l'*Alliance*.

420. — Régulateur Archereau. — Ce régulateur est le premier qui ait été employé
        au Dépôt des phares pour faire de la lumière électrique.

421. — Régulateur Dubosc. — Ce régulateur a été construit vers 1860 par M. Du
        bosc, d'après les idées de Foucault.

422. — Régulateur Foucault. — Construit et amélioré par M. Dubosc, à la fin de
        1860.

423. — Régulateur Serrin, petit modèle. — Ce régulateur est le premier qui ait été
        construit par M. Bréguet, d'après le type d'essai imaginé en 1859 par
        M. V. Serrin.

424. — Régulateur Serrin, modèle des phares. — Type des régulateurs qui ont été
        employés dans les phares de la Hève et de Gris Nez et qui ont été
        construits par M. Serrin spécialement pour cet ouvrage.

425. — Petit réflecteur pour régulateur Serrin. — Employé pour les projections de
        lumière électrique.

426. — Lampe pour lumière au magnésium.

[21]   **III. Instruments Nautiques** (Service hydrographique
de la Marine).

Instruments d'astronomie nautique :

427. — Astrolabe.
428. — Cadran astronomique.

Instruments de navigation :

429. — Compas chronométrique.
430. — Compas vertical.

Instruments pour la mesure du temps :

431. — Chronomètre Bothard (1770).
432. — Pendule Galande.
433. — Cadran solaire Castel (1700).

Instruments de géodésie :

434. — Théodolite Mabire.
435. — Cercle répétiteur Darondeau.
436. — Cercle répétiteur Lenoir.
437. — Cercle répétiteur Richer.

Instruments de topographie :

438. — Graphomètre Cartailler.
439. — Graphomètre Canivet (1700).

Instruments magnétiques :

440-441. — Boussole d'inclinaison, construite sur les plans du comte de Grandpré.

Appareil pour la vitesse des courants.

442. — Appareil Keller (1847).
443. — Appareil construit par Wagner neveu.
444. — Appareil d'Aimé.
445. — Marégraphe américain.

§ 2. MOYENS D'ASSURER L'ABRI DU NAVIRE : PORTS.

1. Plans de ports

DUNKERQUE :

446 [29]. — Plan en 1771 (E. P. C.).
447 [51]. — Plans en 1800 et 1829 (S⁰ᵉ P. C.).
448 [50]. — Plans en 1859 et 1879 (S⁰ᵉ P. C.).
449 [27]. — Plan en 1880 (S⁰ᵉ P. C.).

LE HAVRE :

450 [50]. — Vue panoramique (E. P. C.).
451 [27]. — Plans en 1838, 1864 et 1878 (S⁰ᵉ P. C.).

ROUEN :

452 [29]. — Une carte en 1716 et 3 plans échelonnés dans l'intervalle d'un
siècle (S⁰ᵉ P. C.).

NANTES :

453 [19]. — Plan au XVIIIe siècle (E. P. C.).

ST-NAZAIRE :

454 [48]. — Vue panoramique E. P. C.).

LA ROCHELLE :

455 [19]. — Plan au XVIIIe siècle (E. P. C.).

Ces 2 derniers plans font partie d'une collection manuscrite qui comprend tous les ports français.

BAYONNE :

456 [48]. — 5 vues photographiques (S^{ce} P. C.).

MARSEILLE :

457 [19]. — Plan en 1867 (E. P. C.).

458 [4]. — Relief panoramique (E. P. C.):
                    État des bassins, docks, etc., en 1873.

459 [19]. — Plans comparés en 1844, 1864, 1889 (E. P. C.).

II. Digues, Môles, Brise-Lames, Quais, Estacades.

Digue de Cherbourg.

        Commencée en 1782, achevée en 1853. Longueur 3700 m. Dépense
        67 millions :

460 [4]. — Plan-relief d'ensemble (E. P. C.).

461 [4]. — Plan-relief de la partie centrale avant la tempête de 1808 (E. P. C.)

462 [4]. — Modèle d'un des 90 cônes en charpente remplis de blocs qui, suivant les
        projets de de Cessart, 1782, devaient constituer la digue (E. P. C.)

463 [49]. — Vue des cônes (dépôt de Marine).

464 [52]. — Vue des manœuvres d'immersion (dépôt de la Marine).

Digue de Marseille (E. P. C.) :

465 [4]. — Modèle montrant la constitution du noyau en blocs d'échantillons pro-
        gressivement croissants ; le revêtement en blocs artificiels de
        10 m. c., et les engins de manœuvre de ces blocs, 1867.

466 [4]. — *Jetée en charpente.* Modèle (E. P. C.). — Ancien type avec partie
        supérieure à claire-voie.

467 [4]. — *Jetées à claire-voie couvertes* (E. P. C.). — 2 anciens modèles.

468 [4]. — *Jetée en charpente de Dunkerque.* Modèle (E. P. C.). — Construite en
        1826 pour diriger le courant des chasses.

469 [19]. — *Jetées à claire-voie métalliques de l'embouchure de l'Adour.* Dessins
        (S^{ce} P. C.). — Ces jetées, commencées en 1856, se composent de
        tubes en fonte de 2^m00 de diamètre espacés de 5^m00 d'axe en axe et
        remplis de béton.

470 [19]. — *Digue de St-Jean de Luz.* Dessins (S^{ce} P. C.). — Noyau revêtu de
        blocs artificiels de 20 m. c.

471 [27]. — *Port de Dunkerque :* 4 dessins comparatifs marquant les transforma-
        tions progressives des quais, écluses, ponts, môles (S^{ce} P. C.).

472 [4]. — *Mur de quai du Port de Commerce de Brest* (E. P. C.). — Trois modèles représentant un tronçon du quai construit sur blocs artificiels, ainsi que le mode d'exécution de ces blocs sur cale de glissement avec mouvement imprimé par une chaîne sans fin. 1860.

> *Quais de Rouen* :

> Construits sur grillage avec fondation en pilotis :

473 [4]. — Quai de la Bourse. Modèle (E. P. C.).

474 [19]. — Quai du Port Maritime : dessin (S^{ce} P. C.)

475 [4] — *Quais et Port de Caudan à Lorient.* Mod. (E.P.C.). Les murs reposent, par l'intermédiaire d'arcs surbaissés, sur des puits foncés dans la vase et qui se sont plus ou moins déjetés lors du fonçage.

476 [19]. — *Ouvrages divers du port de Bordeaux.* 3 dessins (S^{ce} P. C.) Quais reposant par l'intermédiaire d'arcs surbaissés sur une fondation en pilotis ; mode de consolidation par ancrage du quai de la Bourse ; détails du bassin à flot.

477 [51]. — *Port de Marseille.* Dessin comparatif marquant la transformation progressive des quais, passes, formes de radoub — Graphique des accroissements successifs du port (S^{ce} P. C.).

478 [23]. — *Plan of the Docks, Warehouses, Wharves, etc. at Ellesmere Port on the River Mersey 1865* (M. Jebbs).

479 [4]. — *Écluse de navigation et de chasse à Gouda* (Hollande 1770. Mod. (S^{ce} P. C.). Portes busquées vers l'aval, contrebutées par des portes-valets ; système pouvant servir à volonté de portes d'èbe, de flot ou de chasse.

480 [4] — *Écluse avec portes d'èbe, de flot et de chasse.* Mod. (E. P. C.). Système combiné pour établir ou rompre à volonté, par un jeu de ventelles, l'équilibre entre les deux vantaux qui composent chacune des portes. 1788.

481 [27, 29]. — *Helvoët Sluys* (E. P. C.). Série de dessins d'exécution d'écluses hollandaises, provenant d'une importante collection du XVIIIe siècle, intitulée « Voyage d'Hollande ».

482 [4]. — *Écluse de chasse de la Floride au Havre.* Mod. (E. P. C.). Deux portes tournantes, présentant en plan une forme de solide d'égale résistance. Poteau d'échappement au milieu. 1810.

483 [4]. — *Écluse de Fort-Revers à Dunkerque.* Mod. (E. P. C.). Deux pertuis, un de 7^m,00 pour les chasses ; un de 9^m,00 pour la navigation. Ce dernier est pourvu de deux paires de portes de flot comprenant entre elles un sas de 40^m,00 et d'une paire de portes d'èbe placées à la tête aval. 1847-56.

484 [4]. — *Écluse de la Citadelle au Havre.* Mod. (E. P. C.). Construite pour les transatlantiques. Longueur 108^m,00 ; largeur 30^m,50. Deux paires de portes d'èbe, en bois, à face d'amont courbe et à bordage vertical. 1864.

485 [4]. — *Forme de radoub.* Mod. (E. P. C.). Probablement du commencement du siècle.

486 [4]. — *Forme de radoub du Havre.* Mod. (E. P. C.). Construite pour les transatlantiques. Longueur 145^m,00 ; largeur à l'entrée 30^m,12. Fermeture par un bateau-porte métallique. 1859-64.

487 [4]. — *Double forme de radoub du port militaire de Rochefort.* Mod. (E. P. C.).
          Longueur 434ᵐ ; largeur en couronne de l'écluse d'entrée 23ᵐ,45.
          1857-62.

488 [4]. — *Double forme de radoub du Salon, port militaire de Brest.* Mod.
          (E. P. C.). Longueur totale 233ᵐ,0 ; largeur au niveau des quais
          34ᵐ,00, pouvant être partagé en deux par un bateau porte. 1859-67.

489 [4]. — *Pont tournant de l'écluse St-Jean au Havre.* Mod. (E. P. S.). En tôle,
          deux volées. Ouverture de l'écluse 21ᵐ,00. 1854-55.

490 [9]. — *Pont levis de l'arrière-port de Dunkerque.* Mod. (Sᶜᵉ P. C.). Démoli
          en 1838.

491 [9]. — *Pont levis de l'écluse Lamblardie au Havre.* Mod. (E. P. C.). Portée
          13ᵐ,40 1792.

492 [9]. — *Pont tournant de Cherbourg.* Mod. (E. P. C.). Deux volées en char-
          pente de 14ᵐ,40 chacune. 1801.

493 [9]. — *Pont tournant de Calais.* Mod. (E. P. C.). Deux volées en charpente
          de 12,ᵐ20.

494 [1]. — *Pont tournant de Brest.* Mod. (E. P. C.). Deux volées métalliques.
          Portée, mesurée entre les axes de rotation : 117ᵐ,00. 830 tonnes de
          fer et 340 tonnes de fonte. 2 hommes ouvrent ou ferment une volée
          en un quart d'heure. 1857.

495 [1]. — *Pont tournant de la passe des Bassins de radoub de Marseille.* Mod.
          Largeur de la passe 28ᵐ,00. Une seule volée métallique pesant
          700 tonnes, mobile sur un pivot que l'on soulève à l'aide d'eau com-
          primée à 270 atm. Durée de la manœuvre 3 m.

496 [21]. — *Travaux du Port de Flessingue.* 4 photogr. des chantiers (E. P. C.)

497 [21]. — *Navigation entre Rotterdam et la mer.* 5 photogr. des passes, bar-
          rages et jetées. 1869-71 (E. P. C.).

498 [21, 50]. — *Port d'Elesmere.* 5 photogr. Docks, bassins, écluses, outillage hy-
          draulique (M. Jebbs).

499 [47]. — *Cale Labat à Bordeaux.* 4 photogr. (Sᶜᵉ P. C.) Plan incliné permet-
          tant de remonter les plus grands navires. Machinerie mue par l'eau
          comprimée.

500 [26]. — *Ancienne drague du Port de Dunkerque.* Mod. (Sᶜᵉ P. C.) Sur
          bateau. Manœuvrée par des hommes marchant dans un tambour.

CHAPITRE II.

LE VÉHICULE

§ 1. NAVIRES ANCIENS ET EXOTIQUES.

I. — Bâtiments anciens.

501 [18]. — *Trirème antique.* mod. (Musée du Louvre).

502 [20]. — *Great Harry.* Vaisseau de guerre sous Henri VIII. Environ 1540, mod.
(E. Gibson et Cie. Union dock Hull).

503 [18]. — *La Dauphine.* Galère du XVIe siècle, mod. (Musée du Louvre).

504 [18]. — *Galeon di Mercantia.* Venise 1726, mod. (Musée du Louvre).

505 [18]. — *Vaisseau hollandais* du XVIIe siècle, mod. (Louvre).

506 [18]. — *Chébec.* Vaisseau de guerre de 1750 à 1786, mod. (Louvre).

507 [16]. — *Le Volonté de Dieu.* Bombarde des côtes de Provence, 1816, mod.
(Louvre).

508 [16]. — *Bateau hollandais.* mod. (Louvre).

509 [16]. — *Poon.* Caboteur hollandais 1810, mod. (Louvre)

510 [16]. — *Yacht hollandais* bâtiment de plaisance 1810, mod. (Louvre).

510 *bis* [16]. — *Galiote hollandaise* 1851, mod. (Louvre).

II. — Bateaux extra-européens.

511 [16]. — *Bateau du Nil,* mod. (Louvre).

512 [16]. — *Barque arabe* de la Mer rouge 1879, mod. (Louvre).

513 [17]. — *Dunjiyah,* le plus ancien type de l'Inde, mod. (Louvre).

514 [18]. — *Palaïnar,* caboteur des côtes de Malabar, mod. (Louvre).

515 [17]. — *Caboteur indien* de la petite Divi, mod. (Louvre).

516 [17]. — *Chelingue,* bateau des côtes de Coromandel, mod. (Louvre).

517 [19]. — *Grand Patilé,* bateau de transport du Bengale, mod. (Louvre).

518 [19]. — *Barque chinoise* décorée avec pavillon, mod. (Louvre).

519 [19]. — *Bateau de passage* de la Chine, mod. (Louvre).

520 [19]. — *Petite barque chinoise* décorée, mod. (Louvre).

521 [19]. — *Bateau de fleurs* de la Chine, mod. (Louvre).

522 [19]. — *Caboteur japonais,* mod. (Louvre).

523 [19]. — *Galerie japonaise,* mod. (Louvre).

524 [19]. — *Godille japonaise,* mod. (Louvre).

525 [17]. — *Pirogue de pêche* de Manille, mod. (Louvre).

525 *bis* [17]. — *Caboteur* de Manille, mod. (Louvre).

526 [17]. — *Salauba,* machine à pêcher des Philippines, mod. (Louvre).

527 [17]. — *Pirogue* de la pointe de Galles, mod. (Louvre).

528 [19]. — *Prau Mayang,* bateau des naturels de la Malaisie, mod. (Louvre).

529 [17]. — *Ancre malaise,* mod. (Louvre).

530 [17]. — *Pros volants,* pirogues de l'archipel des Carolines, mod. (Louvre). Leur
voilure considérable permet d'obtenir les plus grandes vitesses
réalisées par des bateaux à voiles.

531 [17]. — *Pirogue de guerre* de la Nouvelle-Zélande (Louvre). Remarquable par
ses ornements en perles et en plumes.

532 [20]. — *Pirogue* en écorce de bouleau (Musée de la Marine).

533 [21]. — *Pirogue* en peau (Musée de la Marine).

534 [17]. — *Petite barque* peinte sur support, mod. (Louvre).

534 *bis et ter* [9]. — 2 mod. de bateaux du Cachemire (M. Ujfalvÿ).

§ 2. NAVIRES EUROPÉENS

I. — Différents types de bâtiments européens modernes.

535 [16]. — *Bateau de pêche* norvégien ; 1872, mod. (Louvre).

536 [16]. — *Bateau de pêche* norvégien ; 1872, mod. (Louvre).

537 [17]. — *Vischpinch*, bateau de pêche hollandais, mod. (Louvre).

538 [17]. — *Balancelle* espagnolle, mod. (Louvre).

539 [17]. — *Grande Tartane* de Marseille ; 1789, mod. (Louvre).

540 [19]. — *Bœuf* d'Agde ; 1875, mod. (Louvre). Ces bateaux sont employés pour
la pêche accouplés sur un filet unique.

541 [17]. — *Spéronare*, île de Malte, mod. (Louvre).

542 [19]. — *Roscona*, bateau plat, Italie, mod. (Louvre)

543 [19]. — *Trabacolo*, caboteur sur la mer Adriatique, mod. (Louvre).

544 [16]. — *Sacolève*, caboteur grec ; 1835, mod. (Louvre).

545 [19]. — *Caboteur à Livarde*, bassin oriental de la Méditerranée, mod. (Louvre).

546 [17]. — *Caboteur turc* à quille brisée, mod. (Louvre).

547 [16]. — *Caïque* de Constantinople ; 1877, mod. (Louvre).

548 [16]. — *Caboteur* de la mer Noire ; 1878, mod. (Louvre).

II. — Bâtiments à voiles.

549 [16]. — *Blenheim* : bateau voilier 3 mâts, 1850, mod. (Borough of tynemouth
free Library committe, North Shields)

550 [27]. — *T. D. T.* : grand voilier, 1854, mod. (M. Thomas Foske Tully,
South Shields).

551 [27]. — *Voiliers* anglais, mod.

552 [29]. — *Spindrift* : trois-mâts pour le transport des thés, mod. 1867.

553 [29]. — *Persévérance* et *Tarapaca* : bateau voilier à 4 mâts avec son remorqueur. Les plus grands voiliers français de la maison Bordes et fils
de Bordeaux, mod. (MM. W. B. Thomson et Cie Dundee).

554 [27]. — *Life boat* : bateau de sauvetage, 1850, mod. (Trinity house de Kings-
town upon Hull).

555 [27]. — *William Wouldhave* : premier bateau de sauvetage, 1730, mod.
(Boroug of tynemouth free Library committe, North Shields).

III. — Paquebots à vapeur.

556 [27]. — *Charlotte Dundas* : Steamboat vapeur mixte, 1801, mod. (South
Kensington).

557 [27]. — *Ancien bateau à vapeur* de Desblanc, mod. (Conservatoire national
des Arts et Métiers).

557 bis [27]. — *Navire à hélice avec chaudière tubulaire* de Ch. Dallery, 1803 :
Photogr. des projets originaux (Mlle Claret).

558 [27]. — *Great Britain* : paquebot en fer à hélice et à 6 mâts, longueur 274 p.
Faisait le trajet de Liverpool à New-York, en 12 et 13 jours, 1844-45,
mod.

559 [27]. — *Loch Lomond* : bateau à vapeur à aubes, 1845.

560 [28]. — *Elk Stag* et *Lynx* : bateau à vapeur à aubes faisant le service entre l'Écosse et l'Irlande, 1854, mod. (Musée du Louvre).

561 [29]. — *Prince Frédérick William* : bateau à vapeur à aubes, 1857, mod. (Cie du London, Chatham et Dower Cailway).

562 [27]. — *Great Eastern* : bateau à vapeur à hélice, mod. 1857.

563 [28]. — *Le Péreire* : bateau à vapeur à hélice, 1865, mod., Compagnie Transatlantique. Fit le premier la traversée du Havre à New-York en 9 jours (Musée du Louvre).

564 [29]. — *Crosby* : bateau à vapeur à hélice, mod., 1870.

565 [28]. — *Le Glenartency* : bateau à vapeur à hélice, 1873 mod. (Louvre).

566 [29]. — *Lake Champlain* et *Lake Nepigon* : 1/2 modèle de steamer à hélice, mod. 1874.

567 [29]. — *Bessemer* : steamer à aubes pour le service du détroit, 1874, mod. (Musée du Louvre).

Aquarelles et modèles de machines.

568 [23]. — *La Vengeance* : corsaire, aquarelle (M. Roux, à Marseille).

569 [23]. — *La Cipris* : goëlette (M. Roux, à Marseille).

570 [23]. — *L'Harmonie* : vaisseau, aquarelle (M. Roux, à Marseille).

571 [21]. — *La Patience* : galère, Messidor an VII (M. Roux).

572 [23]. — *Les Deux Amis* : négrier, aquarelle (M. Roux).

573 [21]. — *Galiote hollandaise* : aquarelle (M. Roux).

574 [21]. — *Le Destin* : galère, fructidor an VIII (M. Roux).

575 [20]. — *La Bretagne* : vaisseau de 100 canons, 1762 (archives départementales d'Ille-et-Vilaine).

576 [21]. — *La Gloire* : frégate, aquarelle (M. Roux).

577 [22]. — *Machine* de 200 chevaux des porteurs de minerai, modèle (École d'application du Génie maritime).

578 [29]. — *Princess of Wales* : 1/2 modèle de steamer à aubes, 1876).

579 [28]. — *Calais Douvres* : paquebot à vapeur à aubes, 1877 (Musée du Louvre).

580 [28]. — *Empress* : steamer à vapeur à aubes, service des malles, 1888. Faisant le trajet de Calais à Douvres, en moins d'une heure (Musée du Louvre).

581 [27]. — *Québec* : 1/2 modèle de vapeur à aubes.

582 [27]. — *Jaamoyen* : 1/2 modèle de bateau à vapeur à hélice.

583 [20]. — *Lord of the Isles* : steamer à aubes (MM. David et W. Henderson, Glasgow).

584 [27]. — 1/2 modèle : Cie du Lyod.

585 [27]. — 1/2 modèle.

Livres (M. Cooke).

586 [21]. — Universel Dictionary of the Marine, 1789, Falconer.

— A Treatise on Inland Navigation of making Canals Locks and Sluices, 1793, Vallancey.

— Report on the line of Navigation from Hexham to Haydon Bridge, 1797, Sutcliffe.

586 [21] — A General history of Inland Navigation, 1803, Philipps.
    —   Treatise on Canals and Reservoirs, 1816, Sutcliffe.
    —   Recueil de petites marines représentant des navires de diverses
          nations, 1817, Baugean.
    —   Treatise on Rivers and Torrents to which is added a nessay on navi
          gable Canals, 1818, Frisi.
    —   Collection of Papers relating to the Thames Quay, 1827, Trench.
    —   Fifty plates of Shipping and Craft, 1829, Cooke.
    —   On the Resistance of Water to the Passage of boats upon canals
          (résults of experiments), 1833, Macneille.
    —   Civil Engineering in North America, 1838, Stevenson.
    —   Proposed Plan for improving Dover Harbour, 1838, Worthington.
    —   Iron suspension Bridges, 1842, Boileau.
    —   Journal of the Expedition of Enquiry for the junction of the Atlantic
          and Pacific Oceans, 1853, Gisborne.
    —   The History of Inland Navigation, 1766.
    —   Remarks on canal navigation, 1831, W. Fairbairn.
    —   Historical account of the navigable rivers, canals and railways of
          Great Britain from original documents in the possession of Joseph
          Priestley esq., 1831.
    —   Zengths and Zevels to Bradshaw's maps of the canals, navigable rivers,
          and railway's, in the Principal part of England.
    —   *Notice historique sur les divers modes de transport par mer.*
          Mémoire publié à l'occasion de l'Exposition rétrospective et sous
          les auspices du Ministère de la Marine, par M. Trozneux, Ingénieur
          des Constructions navales.

4ᵉ DIVISION

TRANSPORTS PAR VOIE DE FER

CHAPITRE Iᵉʳ

LA VOIE

§ 1. — LES ORIGINES

Voies primitives des charbonnages anglais, etc....

587 [2]. *Rail plat en fonte du « tramroad » d'Ashby (Musée de la ville de Leices-
    ter, Angleterre).* — Le « tramroad » d'où provient ce rail a été
    construit en remplacement d'un canal qui avait été concédé par un acte

de 1794. Il était exploité par chevaux : les véhicules avaient encore des roues sans boudins. Une particularité remarquable est qu'un tronçon de ce « tramroad » existe encore aujourd'hui sans aucune modification et est encore exploité de la même façon qu'il y a un siècle.

588 [Vestibule]. *Rails à ornières et dés en pierre provenant du « tramroad » de Merthyr Tydvil, 1800.* (Plymouth Iron Works à Merthyr Tydvil, Angleterre). — Le « tramroad » de Merthyr descendant la vallée de Taff jusqu'à Aberdare Junction avait été construit par les trois usines métallurgiques de Dowlais, Pennydarron et Plymouth. La traction était faite par chevaux. Les rails (tramplates) sont fixés par des clous aux dés en pierre qui étaient solidement encastrés dans le sol. Le « tram » exposé est l'un des véhicules qui étaient employés sur ce chemin pour le transport des matières premières et du fer travaillé entre les usines et le canal conduisant au port de Cardiff.

589 [2]. *Rail à crémaillère et roue dentée de Blenkinsop, 1812.* (Compagnie du Chemin de fer du London et North Western, à Londres). — Les premiers inventeurs qui ont songé à appliquer la traction à vapeur aux voies ferrées étaient pénétrés de l'idée que l'adhérence seule était insuffisante pour remorquer des charges, et ils se sont ingéniés à rechercher d'autres moyens, tels que les rails à crémaillère. Le modèle exposé est une reproduction du rail employé en 1812 sur le chemin de fer du charbonnage de Middleton, près de Leeds.

590 [2]. *Rail en fonte provenant du chemin de fer du charbonnage de Wylam* (M* W. H. Prosser, Blaydon Iron Works, à Blaydon-on-Tyne, Angleterre). — Ce chemin de fer établi par Hedley, et sur lequel sa locomotive circulait, a été le premier sur lequel on ait fait usage de locomotives à roues munies de boudins : c'est là que l'on acquit la preuve de ce fait que l'adhérence sur les rails suffit pour remorquer un train. Cette ligne passait devant la demeure de Georges Stephenson.

§ 2. — TRACÉS ET OUVRAGES D'ART

I. Plans et vues de chemins.

591 [5]. *Plan lithographié du Chemin de fer de Stockton à Darlington, tel qu'il a été projeté par Overton, en 1819.* (Compagnie du Chemin de fer du North-Eastern, à York, Angleterre). — L'exploitation était faite à l'aide de machines fixes sur les plans inclinés, et de chevaux sur le reste de la ligne.

592 [9]. *Dessin préparé sous la direction de G. Stephenson, montrant les modifications apportées au tracé d'Overton, pour permettre la traction par locomotives sur le Chemin de fer de Darlington. — 1822.* (Compagnie du Chemin de fer du North-Eastern, à York, Angleterre).

593 [5]. *Plan du chemin de fer de Stockton à Darlington, 1822* (Compagnie du Chemin de fer du North-Eastern, à York, Angleterre). — Ce plan a été gravé d'après le dessin précédent. — Le chemin de fer de Stockton à Darlington a été le premier chemin de fer ouvert au service public.

594 [5]. *Plan du chemin de fer de Manchester à Liverpool.* (Compagnie du Chemin de fer du Midland, à Derby, Angleterre). — Cette ligne construite par Georges Stephenson, a été ouverte le 15 septembre 1830.

595 [7]. *Vues du premier chemin de fer de Manchester à Liverpool.* (Compagnie du Chemin de fer de Manchester, Sheffield et Lincolnshire, à Manchester, Angleterre).

596 [2]. *Plan en relief du tracé du chemin de fer de Limoges à Brives, aux abords de Vignols* (E. P. C.). — Échelle des longeurs, 1/2000; échelle des hauteurs, 1/1000.

597 [14]. *Vue photographique du chemin de fer Fell du Mont-Cenis* (M. Bixio). — Chemin de fer à rail central.

II. Ponts, viaducs et tunnels.

598 [6]. *Modèle du pont métallique de chemin de fer construit sous la direction de Georges Stephenson, pour le passage du chemin de fer de Stockton à Darlington sur la rivière Gaunless, près de West Auckland (comté de Durham), 1824.* (Compagnie du Chemin de fer du North-Eastern à York, Angleterre). — Échelle de 1/12.

599 [2]. *Modèle du Pont de Montlouis sur la Loire* (Chemin de fer d'Orléans à Tours). 1848 (E. P. C.). — Échelle de 1/25. — Pont en maçonnerie; arches en anse de panier de 24^{m}75.

Modèle du viaduc de l'Indre. (Chemin de fer de Tours à Bordeaux), construit près de Montbazon, en 1846-48. (E. P. C.). — Ce viaduc en maçonnerie, de 59 arches de 9^{m}80 d'ouverture, a une longueur totale de 751^m.

600 [12]. *Vue du Viaduc de Crimple Valley.* (Chemin de fer de York et North Midland). — Gravure de 1847.

601 [2]. *Modèle du Viaduc de Newcastle, 1848.* (MM. Hanks, Crawshay et fils, à Gateshead-on-Tyne, Angleterre). — Ce viaduc franchit la Tyne à une hauteur de 36^m au-dessus du niveau des hautes eaux; il se compose de 6 travées de 38^{m}05 et de deux viaducs d'approche; la longueur totale est de 318^m; le poids du métal 5050 tonnes. — Le tablier supérieur est réservé au chemin de fer et le tablier inférieur aux voitures et aux piétons. Il a été projeté et exécuté par Robert Stephenson.

602 [7]. *Modèle du Pont Britannia, 1850.* (Conservatoire national des Arts et Métiers). — Ce pont a 4 travées, dont 2 de 140^m, et une longueur entre culées de 453^m, pour franchir le détroit de Menai.

603 [7]. *Détail de la construction du Pont Britannia.* (Conservatoire national des Arts et Métiers). — Section d'une des deux poutres tubulaires.

604 [2]. *Modèle du pont métallique de Perrache, à Lyon* (E. P. C.).

605 [2]. *Modèle du pont d'Asnières sur la Seine.* (Chemin de fer de Paris à St-Germain), 1852-1854 (E. P. C.). — Ce pont en fer se compose de 5 travées de 31^{m}40 d'ouverture. Longueur totale, 160^{m}72.

606 [2]. *Viaduc de Nogent-sur-Marne* (Ligne du Chemin de fer de Paris à Mulhouse), 1855-56 (E. P. C.). — Cet ouvrage en maçonnerie comprend un pont de quatre arches de 50^m d'ouverture, enclavé dans un viaduc de 30 arches de 15^m, dont 5 sur la rive gauche et 25 sur la rive droite. Longueur totale, 830^m.

607 [2]. *Viaduc de Chaumont sur la vallée de la Suize* (Ligne du Chemin de fer de Paris à Mulhouse), 1855-56 (E. P. C.). — Ce viaduc en maçonnerie a 50 arches de 10^m à 3 étages. Longueur totale, 600^m.

608 [11]. *Viaduc du Busseau d'Ahun sur la Creuse* (Ligne du Chemin de fer de
Montluçon à Limoges), 1865 (E. P. C.). — Ce viaduc métallique a
6 travées d'une ouverture maximum de 50ᵐ. Largeur totale, 338ᵐ70.
Hauteur, 56ᵐ50.

609. [12]. *Viaduc de la Cère*, ligne du chemin de fer de Figeac à Aurillac, 1863-
1865. (É. P. C.). — Ce viaduc métallique comprend 5 travées dont
l'ouverture maximum est de 50ᵐ. Longueur totale 308ᵐ,50. Hauteur
55ᵐ,30.

610. [5]. *Pont de Kuilenbourg*, Hollande, 1868 (É. P. C.). 3 photographies.
Pont en tôle sur piles en briques, comprenant 7 travées de 57ᵐ d'ouverture, 1 de 80ᵐ, 1 de 150ᵐ.

611. [2]. *Viaduc de l'Ain*, près du village de Cize, ligne du chemin de fer de Bourg
à la Cluse, 1872-1875 (É. P. C.). — Viaduc à deux étages, en maçonnerie. Onze arches de 20ᵐ d'ouverture. Longueur totale : 268ᵐ,90.
Hauteur : 55ᵐ.

612. [12]. *Viaduc de l'Erdre*, ligne de Nantes à Chateaubriand, 1877 (É. P. C.)
— 1 tableau. Arc métallique de 95ᵐ d'ouverture. Longueur totale de
l'ouvrage 190ᵐ,20.

613. [16]. *Viaduc de la Vienne*, ligne du chemin de fer de Limoges à Brives
(É. P. C.). — 1 photographie.

614. [13]. *Pont des Eyziès sur la Vezère*, ligne du chemin de fer d'Agen à Périgueux
(M. Partiot). — 1 photographie.

615. [Pourtour de l'Escalier]. *Pont en tôle de Maria Pia sur le Douro à Porto*,
Portugal (E. P. C.). — Modèle au 150ᵉ. Ouverture de l'arc : 160ᵐ.
Flèche : 37ᵐ,50. Longueur du Pont : 354ᵐ,38. Hauteur de la poutre au
sommet : 10ᵐ (M. G. Eiffel).

616. [13]. *Pont en fer sur la ligne du Newark et New-York Railroad*, États-
Unis : 2 poutres dissemblables, 1869 (É. P. C.). — 1 photographie.

617. [12]. *Pont en fer du New-York, Newhaven and Hartford Railroad*, sur la
rivière Housatonic, États-Unis, 1872 (É. P. C.). — 2 photographies.
3 travées de 168 pieds, une travée mobile de 206 pieds, et 2 travées
de 190 pieds. Longueur totale : 1091 pieds.

618. [13]. *Pont de Booneille sur le Missouri*, États-Unis, 1872 (É. P. C.). —
5 photographies. Pont mixte pour chemin de fer et pour route. 9 travées système Post, dont 3 de 78 mètres.

619. [11]. *Pont de Saint-Louis*, États-Unis, 1875 (É. P. C.) — 4 photographies. 3
Arcs surbaissés en tubes d'acier : ouverture maximum 158ᵐ,50.

620. [12]. *Pont du Cincinnati Southern Railway sur l'Ohio* États-Unis,
(É. P. C.). — 3 photographies. Dix travées système Linville, dont
une tournante. Ouverture de la travée principale : 153ᵐ,49.

621. [12]. *Pont du Cincinnati Southern Railway sur la rivière Kentucky* États-
Unis, 1877 (É. P. C.). — Photographie. Trois travées, système Linville de 114ᵐ chacune. Piles métalliques, hauteur au-dessus des
basses-eaux : 81 mètres.

622. [11]. *Pont sur le Missouri à Atchinson* Kansas, États-Unis. (É. P. C.). —
Photographie. Pont mixte pour chemin de fer et pour route.

623. [13]. *Pont de Fall River sur la Rivière Raroton* : Massachussets, États-Unis.
(É. P. C.). — Photographie. 5 travées de 155 pieds, 1 arche pivotante
de 180 pieds. Longueur : 955 pieds.

624. [13]. *Pont de Parkersburg* (États-Unis). (É. P. C.). — Photographie. Système Linville. Ouverture de la travée principale : 106 mètres.

625. [13]. *Pont de Dubuque*, États-Unis. (É. P. C.) — Photographie. Longueur totale : 860 pieds.

626. [5]. *Pont suspendu de Brooklyn* à New-York, États-Unis, 1883 (É. P. C.) — 3 travées de 286^m,70 et 1 de 486^m,50. Hauteur au-dessus du niveau des eaux : 41^m,20. Le tablier du pont comporte 1 passerelle centrale pour les piétons, et de chaque côté une voie pour tramway et 1 route pour voitures. Section d'un câble 0^m,40

627. [13]. *Pont sur l'Hudson à Poughkeepsie*, États-Unis, (É. P. C.) — Photographie des plans et de l'élévation, système Linville.

628. [POURTOUR DE L'ESCALIER]. *Pont sur le Firth du Forth* Écosse, (Sir John Fowler et M. Benjamin Baker, à Londres). — Viaduc métallique comprenant 2 ouvertures de 525^m et 2 autres de 207^m. Hauteur libre pour le passage des navires, 46^m. Hauteur des piles, 138^m. Poids total d'acier, 51,000 tonnes.

629. [12 et 14]. *Travaux du pont sur la Nouvelle Meuse et du chemin de fer métropolitain de Rotterdam* (Hollande), 1870-1873 (É. P. C.). — 9 photographies.

630. [12]. *Plan incliné de Wombridge* (É. P. C.). — 3 photographies.

631. — [2]. *Tunnel d'Ivry* pour le chemin de fer de Ceinture R. G., à Paris, 1865 (É. P. C.). — Modèle au 1/25e de la partie construite au-dessus des anciennes carrières.

III. — Gares.

637. [41]. *Gare de Nantes* (É. P. C.). — Vue à vol d'oiseau.

638. [41]. *Gare de Nantes* (É. P. C.). — Façade principale.

639. [41]. *Gare de Bordeaux* (É. P. C.). — Vue à vol d'oiseau.

§ 3. — MATÉRIEL.

I. — Matériel pour l'établissement de la voie.

632. [2]. *Perforatrice Sommeiller* (Chemins de fer italiens de la Méditerranée). — Cette perforatrice est la première ayant fonctionné dans les travaux de percement du tunnel du Fréjus (Mont-Cénis).

633. [13]. *Excavateur américain* (É. P. C.). — Type employé sur l'Illinois Central Railroad.

634. [5]. *Wagons basculants employés à la construction du chemin de fer de Stockton à Darlington* (Angleterre) 1823-1825 (Compagnie du chemin de fer du North Eastern à New-York). — Dessin.

635. [6]. *Wagon à terrassements.* — Modèle (E. P. C.).

636. [6]. *Wagon à terrassements.* — Modèle (E. P. C.).

II. — Voie proprement dite.

640. [VESTIBULE]. *Voie primitive du chemin de fer de Stockton à Darlington* (An-

gleterre) 1825 (Compagnie du chemin de fer de North-Eastern). —
Cette voie consistait en rails « fish-bellied » (à ventre de poisson)
de 28 livres fixés par des crampons dans des coussinets en fonte
posés sur des blocs de pierre de 0,45 × 0,45 × 0,23.

641. [2]. *Rail en fonte, type « fish-bellied » employé sur une partie du chemin de
fer de Stockton à Darlington* (Angleterre) 1825 (Compagnie du chemin de fer du North-Eastern). — Ces rails étaient posés de la même
façon que les précédents.

642. [Pourtour de l'Escalier]. *Rail en fonte du chemin de fer de Saint-Étienne
à Andrésieux*, 1828 (Compagnie du chemin de fer de Paris à Lyon et
à la Méditerranée).

643. [Vestibule]. *Voie en rails « fish-bellied » et dés en pierre, provenant du
chemin de fer de Manchester à Liverpool*, 1830 (Compagnie du chemin de fer du London et North Western, à Londres (Angleterre).

644. [7]. *Rail Stevens*, 1830 (M. Pontzen, à Paris). — C'est l'ingénieur américain
Robert Stevens qui imagina les rails à patin et fit usage de ces rails
fabriqués en Angleterre, sur le chemin de fer de Camden à Amboy, États-
Unis, en 1831. L'ingénieur français Vignole contribua à la vulgarisa-
tion de ce type de rail qui prit son nom. Le rail exposé a fait 40
années de service.

645. [2]. *Rail du chemin de fer de Leicester à Swannington*, 1832 (Musée de la
Ville de Leicester). — Ce rail a été employé sur certaines lignes jusqu'en 1885. Ce rail du type « fish-bellied » ou à ventre de poisson
(forme d'égale résistance) de 15 pieds de long était posé sur des coussinets espacés de 3 pieds et fixés sur des traverses en chêne de
8 pieds 1/2 de longueur. Par suite d'un revirement d'opinion les traverses furent remplacées par des dés en pierre, mais en 1842, on
reconnut définitivement les inconvénients de cette voie sur pierres et
on revint aux traverses.

646. [2]. *Rail, type « fish-bellied », provenant du chemin de fer de Leicester à
Swannington*, 1835 (Compagnie des chemins de fer du Midland, à
Derby). — Longueur du rail, 15 pieds. Poids du rail et des coussinets,
214 livres anglaises. — Poids d'un coussinet, 14 livres.

647. [2]. *Rail de la ligne de raccordement entre les bifurcations de Swannington
et de Coleorton* (Angleterre, 1834 (Musée de la Ville de Leicester). —
Ce rail mixte servait à la fois pour le passage des véhicules munis de
roues à boudins qui roulaient sur l'arête supérieure et pour le passage
des véhicules dont les roues n'avaient pas de boudins qui roulaient
dans l'ornière, la ligne en question raccordant un chemin de fer et un
tramroad de systèmes différents. Rail en fer forgé de 15 pieds de
long avec extrémités assemblées à queue d'aronde, cloué soit direc-
tement sur des dés en pierre, soit sur des coussinets légers en fer.
Ce rail existe encore aujourd'hui à Coleorton et à Ticknall.

648. [Pourtour de l'Escalier] *Rail provenant de l'ancienne ligne de Saint-
Germain, avec coussinets*, 1835 (Compagnie des chemins de fer de
l'Ouest).

649. [Pourtour de l'Escalier]. *Rail provenant de l'ancienne ligne de Versailles
(R. G.)* 1837 (Compagnie des chemins de fer de l'Ouest).

650. [2]. *Rails en fonte et dés en pierre du chemin de fer de High-Peak* (Angleterre) (Compagnie du chemin de fer du London et North Western).

651. [POURTOUR DE L'ESCALIER]. *Dés en pierre pour coussinets* employés de 1840
       à 1854 au lieu de traverses (Compagnie du chemin de fer de Glascow à
       Barrhead et Kilmarnock et de Glascow à Paisley).

652. [POURTOUR DE L'ESCALIER]. *Rail du chemin de fer de Saint-Étienne à Lyon.*
       (Compagnie du chemin de fer de Paris à Lyon et à la Méditerranée).

653. [POURTOUR DE L'ESCALIER]. *Rail du chemin de fer de Saint-Étienne à Lyon.*
       1847. (Compagnie du chemin de fer de Paris à Lyon et à la Méditer-
       ranée).

654. [POURTOUR DE L'ESCALIER]. *Voie en rails à double champignon en fer, pesant
       37 kg. par mètre courant, et traverses triangulaires en sapin du
       Nord, provenant de la ligne d'Hazebrouck à Dunkerque,* 1847. (Com-
       pagnie du chemin de fer du Nord).

655. [VESTIBULE]. *Voie Brunel.* (Compagnie des chemins de fer du Midi). — La
       voie Brunel était composée de 2 files de rails à patin évidé posés sur
       des longrines en bois dont la face supérieure présentait une inclinai-
       son de 1/20°. Chaque extrémité de rail était fixée par 3 rivets sur une
       selle. Les rails étaient eux-mêmes assujettis sur les longrines au
       moyen de boulons. Les deux files de longrines supportant les rails
       étaient reliées entre elles de 3 en 3 mètres par des entretoises en bois
       placées alternativement au droit des joints des longrines et au droit
       des joints des rails.

656. [VESTIBULE]. *Voie Barlow.* (Compagnie des chemins de fer du Midi). — La
       voie Barlow était composée de 2 files de rails à larges ailes posés
       directement sur le ballast. Les rails d'une même file étaient réunis
       entre eux par des selles rivées sur les rails. Les deux files de rails
       étaient reliées entre elles par des entretoises rigides en fer placées à
       côté de chaque selle et rivées sous les rails. L'axe des rails présentait
       une inclinaison de 1/20° obtenue au moyen de l'entretoise rigide.

657. [13]. *Voie posée sur coussinets à plateaux.* (Compagnie d'Orléans). — Dessin.

658. [13]. *Rails et traverses, type Barberot.* (Compagnie d'Orléans). — Dessin.

659. [2]. *Ancien coussinet de joint.* (Compagnie du chemin de fer de Paris à
       Orléans).

660. [2]. *Ancien coussinet et éclisse coudée.* (Compagnie du chemin de fer de
       Paris à Orléans).

661. [2]. *Collection de matériel de voies anglaises,* 1840-1888. (Compagnie du
       London, Brigton et South Coast Railway, à Londres (Angleterre) :

       1 et 2. — Coussinet de joint et coussinet intermédiaire, employés sur
           dés en pierre.. 1840

       3 et 4. — Coussinet de joint et coussinet intermédiaire, modèle de
           M. Ransom.. 1845

       5 et 6. — Coussinet de joint et coussinet intermédiaire, modèle de
           M. Hood 1847-48

       7 et 8. — Coussinet de joint et coussinet intermédiaire, avec attaches
           composées.. 1848

       9 et 10. — Coussinet de joint et coussinet intermédiaire, avec attaches
           composées.. 1850

       11. — Coussinet, modèle de M. Hood, avec mâchoire découpée pour la
           clavette 1858

       12. — Coussinet à trois trous pour tirefonds........................ 1865

13. — Coussinet de joint éclisse... 1858
14. — Coussinet intermédiaire à trois trous, avec découpure................... 1863
15. — Coussinet intermédiaire à trois trous, modèle de M. Banister.... 1881
16. — Coussinet intermédiaire à trois trous, modèle de M. Banister.... 1885
17. — Coussinet intermédiaire, type bull-head. 1886
18. — Coussinet d'arrêt, type bull-head... 1886
19. — Coussinet de joint d'aiguille employé avant l'introduction des
      éclisses.. 1850
20. — Coussinet d'aiguille à double tête... 1858
21 à 25. — Coussinets d'aiguilles et de croisements A, B, C et D de
      diverses époques. .... 1856 à 1860
27. — Rail, type Zorès.. 1830
28. — Rail et coussinet (ligne du Mid-Sussex)..................................... 1830
29. — Rail et éclisse (ligne de Mid-Sussex)... 1858
30 et 31. — Rail de pont (Barlow)... 1848
32. — Rail en dos d'âne de Barlow employé sans traverses mais avec
      des tringles... 1885
33. — Rail en fer pesant 75 livres par yard.. 1838
34. — Rail en acier pesant 78 livres par yard....................................... 1878
35. — Rail en acier pesant 84 livres par yard....................................... 1886
36. — Paire de crampons pour fixer les rails aux traverses.................. 1860
37. — Chevilles à petite tête pour fixer les coussinets aux traverses.
38. — Chevilles à encoches avec tirefonds en bois.
39. — Boulons et rondelles pour éclisses.
40. — Clavettes en acier... 1870
41. — Clavettes diverses en bois.
42. — Tirefonds.
43. — Éclisses en acier pour rail à double champignon.
44. — Éclisses en acier pour rail bull-head.
45. — Coussinet de joint américain de Gibbon.
46. — Rail « fish-bellied » et coussinet employés sur les lignes des charbon-
      nages.
47. — Rail « fish-bellied » employé avant l'introduction de la traction par
      locomotives.
48. — Paire de pétards employés pour signaux en cas de brouillard.
49. — Morceau de traverse triangulaire préparée, ayant fait 36 ans de service.
50. — Étalons pour les voies de diverses époques de 1840 à 1888.

662. [2]. *Morceau d'un rail en acier posé à la station de Crewe en 1863.* (Compa-
      gnie du chemin de fer du London et North-Western). — Ce rail posé en
      1863, retourné en 1866 et enlevé en 1875, a subi le passage de 72 mil-
      lions de tonnes. La plus grande usure de la table est de 85/100e de
      pouce, et la perte de poids de 20 livres par yard.

III. — Appareils divers de la voie.

663 [5] *Dessin d'une forme très primitive d'aiguille employée sur le chemin de fer
      de Stockton à Darlington, 1825.* (Compagnie du chemin de fer du
      North Eastern, à York, Angleterre).

664 [13] *Changement de voie avec contre-rails, système Poiret.* (Compagnie du
      chemin de fer de Paris à Orléans). — Dessin.

665 [14] *Excentrique pour manœuvres de changements de voie.* (Compagnie du chemin de fer de Paris à Orléans). Dessin.

666 [15] *Plaque tournante de 11m.600 de diamètre, système Buddicour.* (Compagnie du chemin de fer de Paris à Orléans). — Dessin.

667 [7] *Plaque tournante de 10 mètres de diamètre.* (É. P. C.). — Modèle.

668 [7] *Plaque tournante (détail du chemin de roulement).* (Conservatoire national des Arts et Métiers). — Modèle.

669 [POURTOUR DE L'ESCALIER] *Chariot transbordeur sans fosse, système Dünn.* (Compagnie du chemin de fer de Paris à Orléans).

670 [15] *Grue d'élevage à pivot tournant et à chaîne Galle, force 600 kg.* (Compagnie du chemin de fer de Paris à Orléans). Dessin.

IV. — Signaux, appareils télégraphiques et de sécurité.

671 [2] *Première lampe pour signaux employée sur le chemin de fer de Stockton à Darlington, 1840.* (Compagnie du chemin de fer du North Eastern à York, Angleterre). — Cette lampe était suspendue au mât-signal par une chaîne passant sur une poulie. Quand la coulisse levée à moitié ne montrait que le verre vert, le signal signifiait : « Attention » ; lorsqu'elle était levée entièrement et montrait également le verre rouge, le signal signifiait : « Danger ». Il y avait 8 signaux semblables sur la ligne.

672 [POURTOUR DE L'ESCALIER] *Ancien disque d'arrêt.* (Compagnie des chemins de fer de l'Ouest).

673 [2] *Mât sémaphorique à double disque.* (Compagnie du chemin de fer de Paris à Orléans).

674 [2] *Mât à échelle et plateau sur 4 pieds.* (Compagnie du chemin de fer de Paris à Orléans).

675 [7] *Modèle de signaux anglais de bifurcation en bois, avec appareil de manœuvre, 1847.* (MM. Stevens et fils, à Londres, Angleterre). — Avec lanternes tournantes.

676 [7] *Deux anciens appareils pour signaux télégraphiques, 1851-52.* (M. Ch. E. Spagnoletti, à Londres, Angleterre). — Employés pour signaler les trains à la traversée du Box-tunnel près de Wiltshire sur le chemin de fer du Great Western.

677 [7] *Modèle de signal de bifurcation en bois, 1851.* (MM. Stevens et fils, à Londres, Angleterre). — Avec verre rouge et vert se déplaçant devant le feu au lieu des lanternes tournantes employées primitivement.

678 [6] *Appareil Tyer, 1856.* (Compagnie des chemins de fer à Paris et à Lyon et à la Méditerranée). — Type admis en 1856 au chemin de fer de Lyon, d'abord, au tunnel de Blaisy, ensuite dans la banlieue de Paris. Première application en France du block-system, (presqu'au même temps M. Regnault installait aux abords de la gare St-Lazare, son appareil rappelant un peu l'appareil Tyer et servant de block-system).

679 [6]. *Sonnerie de disque, 1856-1857* (Compagnie des Chemins de fer de Paris à Lyon et à la Méditerranée). — Première application faite aux disques des gares de la sonnerie trembleuse dite « Miraud » indiquant aux gares le fonctionnement du disque, et par suite leur donnant la certitude que le disque est bien tourné à l'arrêt.

680 [6]. *Réflecteur à glaces utilisé en 1858, sur les lignes de Tours à Nantes et de Tours au Mans* (Compagnie du Chemin de fer de Paris à Orléans). — Cet appareil avait pour but de renvoyer par réflexion vers le levier de manœuvre les feux d'un mât de signaux placé hors de vue pour l'agent chargé de le mettre en mouvement. Cet agent pouvait ainsi se rendre compte de la position ouverte ou fermée du mât.

681 [7]. *Modèle de signaux de bifurcation en fer, avec appareil d'enclenchement, 1859* (Stevens et fils, à Londres).

682 [7]. *Modèle d'appareil d'enclenchements, 1859* (MM. Stevens et fils à Londres). — Pour bifurcation ordinaire avec 2 aiguilles et 4 signaux.

683. [POURTOUR DE L'ESCALIER]. *Appareil d'enclenchements anglais, 1860* (Compagnie des Chemins de fer de Glasgow à Kilmarnock et de Glasgow à Paisley, à Glasgow, Angleterre). — Les signaux sur les Chemins de fer anglais étaient primitivement faits à la main, ensuite à l'aide de signaux fixes actionnés séparément sans aucun contrôle mécanique l'un sur l'autre ou sur les aiguilles. L'accroissement considérable de la vitesse et du nombre des trains et le désir de se protéger contre les accidents conduisirent à l'enclenchement des signaux et des aiguilles entre eux, en sorte qu'en actionnant un levier on immobilise tous ceux dont le déplacement pourrait occasionner un accident. L'appareil exposé est un des premiers systèmes, connu sous le nom de « hook locking » ou enclenchement à crochets ; la manœuvre d'un levier plaçant un crochet derrière les leviers à immobiliser. Cet appareil a été employé jusqu'en 1882.

684. [POURTOUR DE L'ESCALIER]. *Barres d'enclenchements du système primitif d'enclenchements à crochets, 1860.* (Compagnie des Chemins de fer de Glasgow à Kilmarnock et de Glasgow à Paisley, à Glasgow, Angleterre).

685. [7]. *Modèle d'appareil d'enclenchements, 1861.* (MM. Stevens et fils, à Londres, Angleterre).

686. [7]. *Modèle d'indicateur de position d'aiguille, 1862* (MM. Stevens et fils, à Londres, Angleterre). — Ce type n'est plus employé.

687. [6]. *Appareils avertisseurs pour bifurcation appliqués pour la 1re fois entre Marseille et la bifurcation de Toulon, 1863.* (Compagnie des Chemins de fer de Paris à Lyon et à la Méditerranée). — Ces appareils ont été modifiés en 1878 et ont pris la forme définitive sous laquelle ils sont présentement employés soit dans les postes Saxby et Viguier, soit dans le block-system sous le nom de Jousselin.

688. [7]. *Modèle d'appareil d'enclenchements pour aiguilles et signaux, 1864.* (MM. Stevens et fils, à Londres). — A douze leviers.

689. [7]. *Modèle d'appareil d'enclenchements pour aiguilles et signaux, 1870.* (MM. Stevens et fils, à Londres). — Les appareils actuels diffèrent très peu de ce type.

690. [7]. *Changement de voie simple et mât signal* (E. P. C.). — Avec enclenchement Viguier.

691. [POURTOUR DE L'ESCALIER]. *Appareil d'enclenchements, système Saxby et Farmer* (E. P. C.).

CHAPITRE II.

MOTEURS.

§ 1. — LOCOMOTIVES.

Types successifs de locomotives.

692. [13]. *Dessin de la locomotive de Trevithick*, 1803. (Plymouth Iron Works, à Merthyr Tydvil, Angleterre). — Cette machine, désignée sur la gravure sous le nom de « High Pressure Tram Engine », a été construite par Richard Trevithick dans les ateliers de Cornouailles et dans ceux de Pennydarren, pour le propriétaire de ces derniers ateliers Samuel Honfray, qui dans une discussion sur la possibilité et les avantages de la traction mécanique sur les chemins de fer, fit un pari de mille guinées avec Richard Crawshay, et le gagna en appliquant la machine de Trevithick à un chargement de fer sur une ligne de 9 milles de longueur établie dans des conditions très défectueuses. Cette machine était à 2 essieux couplés et l'échappement de la vapeur se faisait dans la cheminée.

693. [VESTIBULE]. *Locomotive « Locomotion n° 1 » construite par Georges Stéphenson*, pour le Chemin de fer de Stockton à Darlington en 1825. (Compagnie du Chemin de fer du North Eastern à York, Angleterre). — Cette locomotive construite à Newcastle-ou-Tyne, a fonctionné depuis le 27 septembre 1825 jusqu'en 1846, et a été la 1re locomotive affectée à un service de voyageurs. Les dimensions principales sont : longueur de la chaudière : 10 pieds. Diamètre de la chaudière : 4 pieds. Surface de chauffe : 60 pieds carrés. Pression dans la chaudière : 25 livres par pouce carré. Deux cylindres verticaux de 10 pouces de diamètre et de 24 pouces de course. Poids de la machine en ordre de marche : 6 tonnes, 5.

694. [6]. *Tender de la locomotive précédente.* — Cadre en bois monté sur 4 roues de 2 pieds 1/2 de diamètre, pouvant contenir 750 kg. de charbon. Caisse à eau en tôle d'une contenance de 240 gallons. Poids en ordre de marche : 2t 1/4 environ.

695. [6]. *Modèle de la 1re locomotive du Chemin de fer de Stockton à Darlington*, 1825. (Compagnie du Chemin de fer du North Eastern, à York, Angleterre). — Echelle de 1/8 c.
Dessin de la 1re locomotive du Chemin de fer de Stockton à Darlington, 1825. (Compagnie du Chemin de fer du Great Northern, à Londres).

696. [6]. *Modèle de la 1re locomotive avec chaudière tubulaire construite en 1827, par Marc Séguin pour le Chemin de fer de Saint-Etienne à Lyon.* (M. Augustin Séguin, à Lyon). — Echelle de 1/12 c. Le brevet de Marc Séguin pour la chaudière tubulaire est de février 1828 et la 1re locomotive anglaise avec chaudière tubulaire ne fonctionna qu'en 1829.

697. [VESTIBULE]. *Reproduction en vraie grandeur de la locomotive « Rocket » (la Fusée), construite par George Stéphenson, 1829.* (Compagnie du

Chemin de fer du London et North Western, à Londres, Angleterre).
— La locomotive est reproduite dans sa forme primitive, telle qu'elle
figura au Concours de Rainhill en 1829, où elle remporta le prix de
500 livres sterling offert par les Directeurs du Chemin de fer de Manchester à Liverpool pour la meilleure locomotive.

698. [13]. *Dessin d'une locomotive du Chemin de fer de Manchester à Liverpool,
en 1831.* (MM. W. et J. Galloway et fils, à Manchester, Angleterre).
Collection de 20 dessins d'anciennes locomotives. (MM. Robert Stephenson et fils à Newcastle-upon-Tyne.

699. [10]. 1e Locomotive A de Darlington.

700. [10]. 2e Locomotives n° 2, 3, 4 et 5, les premières construites après la Fusée.
Type à 4 roues et à cylindres extérieurs.

701. [10]. 3e Locomotives n° 10 « Planet » et n° 11, juillet 1830. Type à 4 roues et
à cylindres intérieurs ; 1er dessin d'essieu coudé.

702. [10]. 4e Locomotive n° 12 : « Majestic » pour le Chemin de fer de Manchester à
Liverpool. Type à 4 roues et à cylindres extérieurs.

703. [10]. 5e Locomotive « Invicta » pour le Chemin de fer de Canterbury. Février
1830. Chaudière de 8 pieds de longueur et de 3 pieds 4 pouces de
diamètre. Boîte à feu de 2 pieds 11 pouces de profondeur, de 3 pieds
4 pouces de largeur et de 2 pieds 3 pouces de longueur. Diamètre des
roues : 4 pieds. Diamètre des essieux 3 pouces 3/4. Diamètre des cylindres 10 pouces 1/2 ; course : 1 pied 1/2.

704. [10]. 6e Locomotive B de Humphrey ; « Wales ». Chaudière de 4'4" de diamètre
et de 9 pieds de longueur. Diamètre des cylindres 10 pouces 1/2, course :
1 pied 8 pouces. Diamètre des roues en fonte ; 3 pieds 1/2.

705. [10]. 7e Locomotive « Goliath » pour le plan incliné de Liverpool, mars 1831.
Nombre de tubes : 143. Surface : 354 pieds. Quatre roues. Cylindres
intérieurs.

706. [10]. 8e Coupes de la locomotive « Goliath ».

707. [10]. 9e Locomotive « George Stephenson » pour le chemin de fer de Glasgow
à Garnskirk à voie de 4 pieds 1/2. — Plan, élévation latérale et vues en
bout. Longueur de la partie cylindrique de la chaudière : 6 pieds
11 pouces, diamètre 3 pieds. Diamètre des cylindres intérieurs :
11 pouces ; course : 1 pied 4 pouces. Diamètre des roues : 4 pieds 1/2.

708. [10]. 10e Locomotive « S.-Rollox », petite locomotive pour le chemin de fer de
Glasgow à Garnskirk, 24 février 1831. — Diamètre des cylindres intérieurs : 10 pouces ; course : 14 pouces. Diamètre des roues en fer
malléable : 4 pieds 1/2 et 3 pieds 0 pouce 1/2. Diamètre de l'essieu
moteur coudé : 3 pouces 1/4. Le poids à vide ne devait pas dépasser
4 tonnes.

709. [10]. 11e Locomotive « John Bull », avril 1831, pour le chemin de fer de
Mohawk et Hudson. — Quatre roues et cylindres intérieurs.

710. [10]. 12e Locomotive du chemin de fer de Bolton, août 1831. — Cette machine
possédait le changement de marche à valves. — Quatre roues et cylindres intérieurs.

711. [10]. 13e Premier dessin d'une locomotive à bogie, pour le chemin de fer de
Saratoga et Schnectady, 16 janvier 1833. — Diamètre des cylindres :
9 pouces ; course : 14 pouces. — Les cylindres sont placés dans la boîte
à fumée.

712 [10]. 14° Locomotive « N° 1. Patent » à 6 roues pour le chemin de fer de Liverpool à Manchester, 1833. — Diamètre des cylindres : 11 pouces ;
course : 18 pouces. Une paire de roues de 5 pieds, et deux paires de
roues de 3 pieds 6 pouces.

713 [10]. 15° Locomotive « Patentée » pour le chemin de fer de Liverpool à Manchester, 1834. — A cylindres intérieurs. Cette machine était munie du
frein à vapeur breveté de Rob. Stephenson.

714 [10]. 16° Locomotive à 4 roues et à cylindres intérieurs avec valves de piston
à glissières.

715 [10]. 17° Premier dessin de la coulisse de Stephenson, par W. Williams, 1842.

716 [10]. 18° Premier dessin de coins pour coussinets de boîtes à graisse.

717 [10]. 19° Locomotive avec chaudière à fonds courbes et transmission à roues
dentées au lieu de manivelles.

718 [10]. 20° Lithographie représentant des locomotives anciennes et modernes.

719 [13]. *Dessin d'une locomotive du chemin de fer de Birmingham et Derby
Junction*, 1838. (Compagnie du Chemin de fer du Midland à Derby,
Angleterre).

720 [12]. *Machine et tender construits en 1859, pour le vice-roi d'Egypte*
(MM. Rob. Stephenson et Cie, à Newcastle-on-Tyne, Angleterre). —
Phot. — Machine à cylindres intérieurs de 16 pouces de diamètre et 20
pouces de course ; diamètre des roues motrices, 6 pieds 1/2, des roues
porteuses, 4 pieds. Contenance du tender : 1700 gallons.

721 [9]. *Dessin d'une locomotive construite en 1869*. (Compagnie du Great
Northern Railway, à Londres).

    *Collection de dessins de locomotives des Compagnies de Chemin de fer
    français, de 1838 à 1878 :*

722 [9]. Locomotive à 4 roues indépendantes, à roues motrices à l'arrière et à
foyer en porte-à-faux du chemin de fer de Paris à St-Germain, 1837.
(Compagnie des Chemins de fer de l'Ouest).

723 [9]. Locomotive à roues indépendantes, à 3 essieux, à roues motrices au milieu,
du chemin de fer de Paris à Orléans, 1837. (Compagnie des Chemins
de fer de Paris à Orléans).

724 [9] Locomotive à 6 roues et à 2 essieux couplés, avec roues motrices à l'arrière,
du chemin de fer de Versailles Rive-Gauche 1839. (Compagnie des
chemins de fer de l'Ouest).

725 [9] Locomotive à 2 essieux couplés, avec roues motrices à l'arrière et foyer en
porte-à-faux, du chemin de fer de St-Étienne à Lyon, 1843. (Compagnie des Chemins de fer de Paris à Lyon et à la Méditerranée).

726 [9]. Locomotive à 2 essieux couplés, avec roues motrices à l'arrière, du chemin
de fer de St-Étienne à Lyon, 1844. (Compagnie des Chemins de fer de
Paris à Lyon et à la Méditerranée).

727 [9] Locomotive à 6 roues et à 2 essieux couplés, avec roues motrices de 1m50
de diamètre à l'arrière et foyer en porte-à-faux du chemin de fer de
Montereau à Troyes, 1845. (Compagnie des Chemins de fer de l'Est).

728 [9]. Locomotive à 6 roues indépendantes, avec roues motrices à l'arrière et
foyer en porte-en-faux, du chemin de fer d'Avignon à Marseille, 1846.
(Compagnie des Chemins de fer de Paris à Lyon et à la Méditerranée).

729. [9]. Locomotive à marchandises à 3 essieux couplés, système Buddicom, 1846. (Compagnie du Chemin de fer du Nord).

730 [9]. Locomotive à voyageurs à 6 roues indépendantes et essieu moteur à l'arrière, système Crampton, 1849 (Compagnie du Chemin de fer du Nord).

731 [9]. Locomotive à 3 essieux couplés, 1852. (Compagnie des Chemins de fer de Paris à Lyon et à la Méditerranée).

732 [9]. Locomotive à 6 roues couplées, 1854. (Compagnie du Chemin de fer de Paris à Orléans).

733 [9]. Locomotive à 4 roues, à 2 essieux couplés avec roues motrices à l'avant, du chemin de fer de Mantes à Caen, 1855. (Compagnie des Chemins de fer de l'Ouest).

734 [9]. Locomotive Engerth à 12 roues, avec 3 essieux couplés et roues motrices à l'avant, 1855. (Compagnie du Chemin de fer du Nord).

735 [9]. Locomotive à 6 roues indépendantes, avec essieu moteur au milieu, 1856. (Compagnie des Chemins de fer du Midi).

736 [9]. Locomotive Engerth à 8 roues, à 4 essieux couplés et roues motrices à l'avant, du chemin de fer de St-Rambert à Grenoble, 1857. (Compagnie des Chemins de fer de Paris à Lyon et à la Méditerranée).

737 [9]. Locomotive à 6 roues couplées de 1m400 de diamètre, 1859. (Compagnie des Chemins de fer de l'Est).

738 [9]. Locomotive à 8 roues couplées de 1m260 de diamètre, 1866. (Compagnie des Chemins de fer de l'Est).

739 [9]. Locomotive à marchandises à 4 essieux couplés, 1866-1877. (Compagnie du Chemin de fer du Nord).

740 [9]. Locomotive-tender à 10 roues couplées, 1867. (Compagnie du Chemin de fer de Paris à Orléans).

741 [9]. Locomotive à voyageurs à 4 essieux et 4 roues couplées à l'arrière, 1870. (Compagnie du Chemin de fer du Nord).

742 [9]. Locomotive à 4 essieux couplés, 1873. (Compagnie des Chemins de fer du Midi).

743 [9]. Locomotive à 3 essieux couplés, 1873. (Compagnie des Chemins de fer du Midi).

744 [9]. Locomotive à 8 roues, avec 2 essieux couplés au milieu, 1876. (Compagnie du Chemin de fer de Paris à Orléans).

745 [9]. Locomotive à 6 roues, avec 2 essieux couplés à l'arrière, avec essieu sous le foyer, 1877. (Compagnie des Chemins de fer du Midi).

746 [9]. Locomotive à 6 roues, avec 2 essieux couplés à l'arrière, 1878. (Compagnie des Chemins de fer de l'Est).

747 [9]. Locomotive à 6 roues, avec 2 essieux couplés à l'arrière et essieu sous le foyer, 1878. (Compagnie des Chemins de fer de l'Ouest).

748 [9]. *Modèle de locomotive articulée*, par M. Gouin. (Conservatoire national des Arts et Métiers).

749 [6]. *Modèle de locomotive Engerth du chemin de fer du Nord* (Conservatoire national des Arts et Métiers).

750 [6]. *Modèle de locomotive à 8 roues couplées, dite à osselets, système C. Polonceau.* (Conservatoire national des Arts et Métiers).

751 [15]. *Dessin d'une locomotive américaine de Louisville, Nashville et South et North Alabama Railroad.* (É. P. C.).

752 [7,9]. *Quatorze planches relatives au développement de la locomotive en Angleterre et aux États-Unis.* M. West, à Darlington, Angleterre).

II. — Piéces de détail de locomotives.

753 [2]. *Pièces de détail provenant d'une locomotive construite en 1855.* (Compagnie du Chemin de fer de Paris à Orléans) :

754 [2]. Piston de cylindre.

755 [2]. Tiroir de distribution de vapeur.

756 [2]. Crosse de piston.

757 [2]. Boite à l'huile en fonte.

758 [2]. Tendeur d'attelage.

759 [2]. Tampon avant de tender.

760 [6]. *Premier injecteur pour alimentation des chaudières à vapeur de H. Giffard, construit par l'inventeur, 1857.* (M. Gaimet).

761 [6]. *Injecteur Giffard, modèle de 1889.* (M. Gaimet).

§ 2. — MOTEURS DIVERS.

I. — Moteurs atmosphériques.

762 [POURTOUR DE L'ESCALIER]. *Tube de l'ancien chemin de fer atmosphérique de St-Germain, 1847-1860.* (Compagnie des Chemins de fer de l'Ouest).

763 [45]. *Dessins de la machine de 200 chevaux pour faire le vide dans les tubes du chemin de fer atmosphérique de St-Germain.* (É. P. C.).

764 [46]. *Machine atmosphérique du chemin de fer de St-Germain.* (É. P. C.).

765 [47]. *Détails de la machine du chemin de fer atmosphérique de St-Germain.* (É. P. C.).

766 [7]. *Totalisateur de puissance des machines fixes de St-Germain.* (Compagnie des Chemins de fer de l'Ouest).

II. — Moteurs à crémaillère, etc.

767 [5]. *Photographie de la machine Fell du chemin de fer à rail central du Mont-Cenis, 1869.*

CHAPITRE III.

VÉHICULES, OBJETS DIVERS.

§ 1. — VOITURES, WAGONS.

I. — Voitures à voyageurs.

768. [VESTIBULE]. *Ancienne voiture à voyageurs à un compartiment de 1re classe et deux de 2e classe, 1851.* (Compagnie du chemin de fer du South-Eastern, à Londres).

769. [VESTIBULE]. — *Voiture de la reine Adelaïde*, 1842-43. (Compagnie du chemin de fer du London et North-Western).

770. [5]. *Collection de dessins d'anciennes voitures de 3ᵉ classe anglaises.* (Compagnie du chemin de fer du South-Eastern, à Londres). — Types proposés en 1845 au Parlement pour les trains d'ouvriers.

771. [15]. *Deux dessins d'anciennes voitures de 3ᵉ classe anglaises.* (MM. Atkinson et Philipson, à Newcastle-on-Tyne).

Collection de dessins de voitures des Compagnies de chemins de fer français

772. [7]. Voiture de 1ʳᵉ classe à 2 compartiments et 2 coupés du chemin de fer de Versailles Rive-Gauche, 1840. (Compagnie des chemins de fer de l'Ouest).

773. [7]. Voiture de 1ʳᵉ classe à 3 compartiments, 1840. (Compagnie du chemin de fer de Paris à Orléans).

774. [7]. Voiture de 2ᵉ classe à 3 compartiments, 1840. (Compagnie du chemin de fer de Paris à Orléans).

775. [7]. Voiture de 3ᵉ classe à 4 compartiments, 1840. (Compagnie du chemin de fer de Paris à Orléans).

776. [7]. Voiture-berline (1ʳᵉ classe) à 2 essieux avec 2 compartiments et 1 coupé du chemin de fer de Saint-Étienne à Lyon, 1840. (Compagnie des chemins de fer de Paris à Lyon et à la Méditerranée).

777. [7]. Voiture-berline (1ʳᵉ classe) à 4 essieux avec 3 compartiments, du chemin de fer de Saint-Étienne à Lyon, 1840. (Compagnie des chemins de fer de Paris à Lyon et à la Méditerranée).

778. [7]. Voiture de 2ᵉ classe à 3 compartiments, 1854. (Compagnie du chemin de fer de Paris à Orléans).

779. [7]. Voiture de 3ᵉ classe à 4 compartiments, 1854. (Compagnie du chemin de fer de Paris à Orléans).

780. [7]. Voiture de 1ʳᵉ classe à 3 compartiments, 1856. (Compagnie du chemin de fer de l'Ouest).

781. [7]. Voiture de 1ʳᵉ classe à 2 compartiments et à 2 coupés, 1857. (Compagnie des chemins de fer du Midi).

782. [7]. Voiture de 1ʳᵉ classe à 2 compartiments et à 2 coupés, 1857. (Compagnie des chemins de fer de Paris à Lyon et à la Méditerranée).

783. [7]. Voiture de 1ʳᵉ classe à 4 compartiments et à impériales, du chemin de fer de Vincennes, 1859. (Compagnie des chemins de l'Est).

784. [7]. Voiture de 2ᵉ classe à 4 compartiments, 1862. (Compagnie des chemins de fer du Midi).

785. [7]. Voiture de 2ᵉ classe à 4 compartiments, 1864. (Compagnie des chemins de fer de Paris à Lyon et à la Méditerranée).

786. [7]. Voiture de 1ʳᵉ classe à 3 compartiments, 1865. (Compagnie des chemins de fer de l'Est).

787. [7]. Voiture de 1ʳᵉ classe à 3 compartiments et à 1 coupé, 1886. (Compagnie des chemins de fer de Paris à Lyon et à la Méditerranée).

788. [7]. Voitures à 2 étages, 1867. (Compagnie des chemins de fer de l'Est).

789. [7]. Voiture de 3ᵉ classe à 5 compartiments, 1876. (Compagnie des chemins de fer du Midi).

790. [7]. Voiture de 1re classe à 4 compartiments. 1877. (Compagnie du chemin de
            fer de Paris à Orléans).

791. [7]. Voiture-berline (1re classe) à 3 essieux et à 3 compartiments, du chemin
            de fer de Saint-Étienne à Lyon, 1840. (Compagnie des chemins de fer
            de Paris à Lyon et à la Méditerranée).

792. [5]. Voiture de 1re classe à 2 compartiments et 2 coupés du chemin de fer de
            Versailles Rive-Gauche, 1842. (Compagnie des chemins de fer de
            l'Ouest).

793. [5]. Voiture de 2e classe à 4 compartiments du chemin de fer de Versailles,
            Rive-Gauche, 1842. (Compagnie des chemins de fer de l'Ouest).

794. [7]. Voiture de 3e classe à 6 compartiments sans sièges, du chemin de fer de
            Versailles, Rive-Gauche, 1842. (Compagnie des chemins de fer de
            l'Ouest).

795. [5]. Voiture de 3e classe à 30 places du chemin de fer de Strasbourg à Bâle,
            1844. (Compagnie des chemins de fer de l'Est).

796. [5]. Voiture de 3e classe à 60 places debout, du chemin de fer de Strasbourg à
            Bâle, 1844. (Compagnie des chemins de fer de l'Est).

797. [5]. Voiture de 3e classe (char à bancs couvert) à 30 places du chemin de fer
            de Strasbourg à Bâle, 1844. (Compagnie des chemins de fer de l'Est).

798. [5]. Voiture de 3e classe (char à bancs découvert) à 30 places du chemin de
            fer de Strasbourg à Bâle, 1844. (Compagnie des chemins de fer de
            l'Est).

799. [5]. Voiture de 1re classe à 3 compartiments, 1846. (Compagnie du chemin de
            fer du Nord).

800. [5]. Voiture de 2e classe à 4 compartiments, 1846. (Compagnie du chemin de
            fer du Nord).

801. [5]. Voiture de 3e classe, 1846. (Compagnie du chemin de fer du Nord).

802. [5]. Voiture de 3e classe à 5 compartiments du chemin de fer de Paris à Lyon,
            1847. (Compagnie du chemin de fer de Paris à Lyon et à la Méditer-
            ranée).

803. [5]. Voiture de 2e classe à 3 compartiments du chemin de fer de Paris à Char-
            tres, 1848. (Compagnie des chemins de fer de l'Ouest).

804. [5]. Voiture de 2e classe à 4 compartiments du chemin de fer de Paris à Saint-
            Germain, 1851. (Compagnie des chemins de fer de l'Ouest).

805. [5]. Voiture de 2e classe à 4 compartiments du chemin de fer de Paris à Saint-
            Germain, 1853-1856. (Compagnie des chemins de fer de l'Ouest).

806. [7]. Voiture de 1re classe à 3 compartiments du chemin de fer de Paris à
            Orléans, 1854. (Compagnie du chemin de fer de Paris à Orléans).

II. — Wagons de Marchandises.

807. [Vestibule]. *Wagon à charbon provenant du chemin de fer de Stockton à
            Darlington*, 1825. (Compagnie du chemin du North-Eastern, à York
            (Angleterre). — Ce wagon est formé d'une caisse reposant sur un
            châssis en bois avec 4 roues de 2 pieds 1/2 de diamètre. Sa contenance
            est de 2m,650. Voir aussi aux dessins d'ensemble de matériel roulant.

III. — Pièces de détail de véhicules.

808 [Vestibule] *Roue avec jante pleine en fonte, rais cylindriques creux et bandage en fer forgé*, 1835. (Compagnie du chemin de fer du South Eastern, à Londres).

809 [Vestibule] *Essieu monté avec roues à jante, en fonte, rais en forme de double T, bandage en fer forgé ; l'essieu est en fer*, 1875. (Compagnie du chemin de fer du South Eastern, à Londres).

810 [Vestibule] *Essieu monté avec roues à rais et à jantes en bois, moyeux en fonte et bandage en fer forgé ; l'essieu est en fer*, 1837. (Compagnie du chemin de fer du South Eastern, à Londres).

811 [Vestibule] *Roue avec rais doubles en fer forgé et remplissage en bois, moyeu en fonte et bandage en fer forgé*, 1844. (Compagnie du chemin de fer du South Eastern, à Londres).

812 [7] *Essieux en fer retirés des wagons après 45 ans de service.* (Compagnie des chemins de fer de l'Ouest). — Essieux fournis ver 1844 par MM. Allcard Buddicom et Compagnie et retirés du service pour usure des fusées. La fabrication de ces premiers essieux en fer misé et soudé était obtenue par le forgeage d'un paquet formé d'une mise ronde entourée de 9 barres à section trapézoïdale visibles sur les cassures. Le nerf et le grain fin de ces cassures montrent que l'état moléculaire du métal n'a pas été altéré par les trépidations multipliées d'un aussi long service.

813 [2] *Ressort de suspension à lames entretoisées, construit en 1846.* (Compagnie du chemin de fer du Nord).

Pièces de détail provenant d'une ancienne voiture de 2ᵉ classe construite en 1850. (Compagnie du chemin de fer de Paris à Orléans) :

814 [2] Boîte à graisse.

815 [2] Boisseau de tampon.

816 [2] Tendeur d'attelage.

817 [2] Chaîne de sûreté.

818 [Vestibule] *Essieu monté construit en 1852 pour voitures de 2ᵉ et de 3ᵉ classe de l'ancienne Compagnie d'Orléans à Bordeaux.* (Compagnie des chemins de fer de Paris à Orléans).

819. [7]. *Châssis de voiture avec frein automoteur Guérin* (Conservatoire National des Arts et Métiers).

820. [7]. *Frein automoteur de Guérin avec son collier à force centrifuge de M. Parisot* (Conservatoire National des Arts et Métiers).

821. [14]. *Deux albums relatifs aux freins pneumatiques par le vide ou l'air comprimé de Martin et Du Tremblay*, (M. Désiré Martin, à Rouen).

822. [6] Appareil avertisseur électrique installé sur l'ex-train impérial de la Compagnie de P. L. M. 1864 (Compagnie du chemin de fer de P. L. M.) — Communication électrique entre le salon des officiers de service et le fourgon de tête ou la locomotive elle-même pendant la marche du train.

IV. — Dessins d'ensemble de matériel roulant.

823. [5]. *Dessin représentant deux trains de voyageurs du chemin de fer de Manchester à Liverpool.*

824. [7]. *Le même* (M. Grierson, à Londres).

825. [5]. *Dessin représentant deux trains de marchandises du chemin de fer de Manchester à Liverpool.*

826. [7]. *Le même* (M. Grierson, à Londres).

827. [5]. *Collection de gravures et de croquis de types primitifs de matériel roulant des chemins de fer Anglais* (The Railway News, à Londres).

828. [9]. *Photographie d'un train aux États-Unis.*

§ 2. — Objets divers.

V. — Petit matériel.

829. [7]. *Billet de chemin de fer en bronze employé sur le chemin de fer de Leicester à Swannington du 17 juillet 1832 à 1846* (Musée de la ville de Leicester, Angleterre). — Un voyageur allant par exemple de Leicester à Bagworth recevait ce billet portant un numéro que l'on enregistrait. Le conducteur du train recueillait les billets dans une sacoche et les restituait à la gare de départ qui les utilisait à nouveau.

830. [5]. *Collection de modèles d'anciens casiers à billets* (Compagnie du chemin de fer du Nord) :

1° Modèle de casiers à billets de la ligne d'Angoulême à Bordeaux, à 9 cases.

2° Modèle de casier à billets de la ligne de Lyon à Saint-Étienne, à 6 cases et à système à poussoir pour prendre les billets.

3° Modèle de casier à billets de la ligne de Lille à Béthune, à système en tirant pour prendre les billets.

4° Modèle de casier à billets, à 6 cases de 100 billets; perfectionnement du précédent.

5° Le même 6 cases de 50 billets.

6° Casier à billets système Muller, bois et fer à 6 cases de 100 billets, en usage d'une façon presque générale depuis la création du réseau français.

7° Le même à 6 cases de 50 billets.

8° Le même construit en tôle pour gagner de la place, appliqué au chemin de fer du Nord. 6 cases de 110 billets.

9° Le même à 6 cases de 60 billets.

831. [5]. *Ancienne machine à dater les billets* (Compagnie du chemin de fer du Nord).

832. [5]. *Ancienne machine à imprimer et à numéroter les billets* (Compagnie du chemin de fer du Nord).

VI. — Affiches, horaires, indicateurs, etc.

833 [9]. *Photographie de l'avis d'ouverture du chemin de fer de Stockton à Darlington, 1825.* (M' Mac Nay, à Newcastle-on-Tyne, Angleterre).

834 [9]. *Photographie du 1ᵉʳ tableau de la marche des trains du chemin de fer de Stockton à Darlington, 1825.* (M' Mac Nay, à Newcastle-on-Tyne, Angleterre).

835 [7]. *Tableau de la marche des trains du chemin de fer de Londres à Birmingham*, 1839. (Compagnie du Chemin de fer du London et North-Western).

836 [7]. *Photographie d'affiche de service de voitures en 1807 et d'affiche de chemin de fer en 1861, relatives aux Courses de York.* (Compagnie du Chemin de fer du Great Northern, à Londres, Angleterre).

837 [7]. *Guide « Bradshaw » de 1840.* (Compagnie du Chemin de fer du Great-Western, à Londres, Angleterre).

838 [7]. *Guide « Bradshaw » de 1840.* (Compagnie du Chemin de fer du Midland, à Derby, Angleterre).

839 [7]. *Guide « Bradshaw » de 1841.* Comité des lignes du Cheshire, à Liverpool, Angleterre).

840 [7]. *Guide Bradshaw » de 1842.* (Compagnie du Chemin de fer du Great-Western, à Londres, Angleterre).

841 [7]. *Guide « Bradshaw » de 1889* donné comme terme de comparaison.

842 [7]. *Première classification uniforme des marchandises pour le transport par chemins de fer en Angleterre*, 16 janvier 1852. (Railway Clearing House, à Londres, — Un volume de contenant la classification actuelle est placé à côté comme terme de comparaison.

VII. — Objets divers.

843 [VESTIBULE]. *Machine fixe construite en 1803 par Trevithick*, retrouvée en 1885 et restituée à son état primitif. (Chemin de fer du London et North-Western).

844 [9]. *Photographie du « Railway Clearing House » de Londres.* (Railway Clearing House, à Londres).

845 [9]. *Plans comparatifs du « Railway Clearing House » de Londres, en 1842 et en 1889.* (Railway Clearing House, à Londres).

846 [5]. *Tableau représentant un poste télégraphique construit à la station de Slough sur le Great-Western-Railway, vers 1842.* (Mr Spagnoletti, à Londres). — Le public était admis à visiter cette station moyennant 5 shillings et on lui démontrait les avantages de cette « 8e merveille du monde ». L'arrestation d'un assassin qui s'était enfui par le chemin de fer et qui fut signalé par télégraphe, contribua beaucoup à populariser l'invention.

847 [14]. **Livres.** (Mr Conrad Cooke, à Londres) :

A description of Westminster Bridge, 1751 (Labelye)

Observations on a general Iron Railway, 1823 (Anonyme).

Descriptions of an Electric Telegraph and of some other, Electrical apparatus, 1823 (Ronalds).

Description of a Railway on a new principle, 1824 (Palmer).

Liverpool and Manchester Railway Bill ; proceedings of Committee of House of Commons, 1825 (House of Commons).

Practical Treatise on Railroads, 1825 (Wood).

History of the Steam Engine from its first invention to the present time 1826 (Galloway).

Observations on the merits of Locomotive and fixed engines with an account of the locomotive competition at Rainhill, 1830 (Stephenson and Locke).

Report and pamphlets on railways, 1830 (Anonyme).
Report to Directors of Liverpool and Manchester Railway on merits of
    locomotive and fixed engines, 1829 (Walker).
Steam communication on Railways, 1834 (Anonyme).
Practical treatise on railroads and carriages, 1835 (Tredgold).
Examination of Professor Barlow's report on iron roads, 1836 (Lecount).
Oblique bridges, 1839 (Buck).
Practical treatise on the construction of railways, 1839 (Day).
The Railways of Great Britain and Ireland, 1840 (Whishaw).
De la politique des chemins de fer, 1842 (Teisserenc).
Aperçu sur le chemin de fer, 1843 (Le Grand).
Practical tunnelling, etc., 1844 (Simms).
Report on the atmospheric Railway system, 1844 (Stephenson).
Report of select committee of House of commons on atmospheric rail-
    ways, 1845 (House of Commons).
Report on Sambre et Meuse Railway, 1845 (Stephenson).
A brief history of the gauge question, 1846 (Sidney).
Railways, their rise, progress and construction, 1846 (Ritchie).
Reports and pamphlets on railways, 1846 (Anonyme).
Railway locomotion and steam navigation, 1847 (Gurr).
Britannia and Conway tubular bridges (2 vol. et 1 atlas), 1850 (Clark).

848 [14]. *Enquête du chemin de fer de St-Étienne, 1836.* (M' Valentin-Smith).
849 [14]. *Documents manuscrits sur le chemin de fer de St-Étienne à Lyon
    1836.* (M' Valentin-Smith).
850 [14]. *An historical and descriptive account of the suspension bridge, 1828.*
    Provis. (M' Jebbs).
851 [14] *Chemin de fer de Paris à Lyon par la Bourgogne.* Rapport sur le projet
    de la partie comprise entre Paris et Châlon-sur-Saône, 1844-46.
    (M' Valentin-Smith).
852 [14]. *Chemin de fer de Lille à la frontière de Belgique.* Un atlas de dessins,
    1847. (Compagnie du Chemin de fer du Nord).
853 [14]. *Osborne's London and Birmingham Railway Guide* (M' Oakley).
854 [14]. *The railways of the United Kingdom, 1849.* Scrivener. (M' Oakley).
    [14]. *Le même, 1851.* (M' Oakley).

5e DIVISION

TRANSPORTS PAR L'AIR.

Collection aéronautique de M. Gaston TISSANDIER.

VITRINE A.

Assiettes et plats de faïence *Au Ballon,* fabriqués de 1783 à 1786.
Nous citons les pièces principales :

855. — *Grands plats* faïence de Lille (?), avec ballons et deux aéronautes dans la
    nacelle.

856. — *Saladier* faïence de Nevers, figurant le ballon de Charles aux Tuileries,
avec l'inscription : *Adieu.*

857. — *Saladier* faïence de Nevers, figurant un ballon avec deux oriflammes
jaunes, avec l'inscription : *Bon voyage 1785.*

858. — *Saladier* faïence de Nevers.

859. — *Plat à barbe*, faïence de Nevers : ballon des frères Robert.

860. — *Assiette* en faïence de Strasbourg, avec ballons à côtes roses et bleues.
Marli formé de trois fleurs.

861. — *Assiette* en faïence de Rouen, figurant la montgolfière montée par Pilâtre
de Rozier et d'Arlandes. Ballon peint en vert, avec flammes rouges.
Marli formé d'un filet bleu et rouge.

862. — *Assiette en faïence* de Rouen, figurant le ballon à gaz de Charles et
Robert.

863. — *Assiettes* en faïence de Strasbourg. Aérostat de Charles et Robert, à côtes
rouges et vertes. Marli formé de trois papillons. — Quelques unes de
ces assiettes portent l'inscription : *Bon voyage.*

864. — *Assiettes* de Nevers. — Même décor, avec l'inscription : *Adieu.*

865. — *Assiettes* de Nevers. — Décor analogue avec l'inscription : *A l'Immortalité.*

866. — *Assiette* de Nevers. — Décor analogue, avec l'inscription : *La Folie
du siècle.*

867. — *Assiette* en faïence de Moustiers avec le ballon de Blanchard.

868. — *Assiettes* en faïence de Lyon avec aérostats divers.

VITRINE B.

869. — *Groupe en terre cuite* de Clodion à la gloire de Montgolfier. — Ce groupe
authentique, qui a environ 60 centimètres de hauteur et qui porte la
signature de Clodion, est formé d'un Génie qui gonfle une montgolfière
à l'aide d'une torche enflammée. Deux petits Amours présentent à la
Renommée le médaillon des frères Montgolfier. Ce médaillon est à peu
près la reproduction de celui que venait de faire Houdon. Derrière le
motif principal, on voit deux autres Amours, et un Temps avec sa faux,
qui est de la même grandeur que les sujets principaux. Cette composition était destinée à servir de modèle à un monument que l'on devait
ériger aux Tuileries, à l'endroit même où s'était élevé le premier
aérostat à gaz.

870. — *Deux petits bas-reliefs* en biscuit de Sèvres, imitation de Wegwood,
représentant des petits amours gonflant un ballon à air chaud et un
ballon à gaz. — Inscrits dans le catalogue de la manufacture de Sèvres,
sous le nº 1788. (Offerts par M. Lauth, administrateur honoraire de la
manufacture de Sèvres).

871. — *Verre de lanterne magique* de Nuremberg, représentant le gonflement
et l'ascension de Blanchard dans cette ville en 1787, (Offert par M. le
Dʳ Rattel).

872. — *Deux Vases* en faïence de Moustiers. De chaque côté du vase, un ballon et
un aéronaute tirant un coup de pistolet dans la nacelle.— *Deux assiettes*
avec même décor se trouvent dans la vitrine A.

873. — *Assiette* de Moustiers. — Très curieuse pièce représentant un ballon. Les aéronautes braquent des lunettes sur un jeune homme et une jeune dame assis dans une prairie.

874. — *Petite boîte à poudre, en émail bleu,* avec fleurs.
Le couvercle, à fond blanc, figure un très joli ballon de couleur verte, avec un aéronaute à veste rouge dans la nacelle. Drapeau rouge et bleu. Paysage. Cette composition paraît se rapporter à l'ascension de Lunardi à Londres, en 1784. L'intérieur de la boîte est en émail blanc. Le couvercle porte intérieurement une glace.

Vitrine C.

875. — *Table de marbre du Café du Caveau* sur laquelle a été ouverte en 1783, la première souscription pour la construction d'un ballon à gaz. Le directeur du Café du Caveau était le trésorier chargé de réunir les fonds. Quand les premières expériences aéronautiques eurent été faites, et que la médaille offerte aux inventeurs, fut frappée, le directeur du Café fit inscrire une inscription commémorative sur la table de marbre, et la plaça dans un cadre qu'il exposa dans son café. Cette table historique fut conservée au Café de la Rotonde jusqu'en 1830. Elle provient de la famille de l'ancien directeur du Café du Caveau.

876. — *Portrait de Madame Blanchard.* — Dessin original du temps.

877. — *Cage d'oiseau* en forme de ballon.

878. — *Dessin original* de l'ascension des frères Robert et du duc de Chartres, dans le premier aérostat allongé. Vue des 24 jets à Saint-Cloud. 1er Juillet 1784.

879. — *Certificat de la descente aérostatique* de Charles et Robert dans la prairie de Nesle, le 1er décembre 1783. En voici la reproduction textuelle :

> Nous soussignés, Charles, Robert, Jean Burgot, curé de Nesle, et Charles Philippet, curé de Fresnoy, Thomas Hutin, syndic perpétuel de laditte paroisse, Lheureux, curé d'Hédouville, certifions que la machine aérostatique est descendue entre Nesle et Hédouville dans la prairie de Nesle, à 3 heures trois quarts, en foi de quoy nous avons signé ce procès-verbal écrit dans le char aérostatique par moi Charles.

> Signé : CHARLES, ROBERT, PHILIPPET, curé de Fresnoy, C. P. J. D'ORLÉANS, le duc de FITZ-JAMES, FARRER, L'HEUREUX.

Ce Certificat est écrit à l'encre sur une feuille de papier ayant 17 centimètres de large sur 12 de hauteur ; il porte au verso écrit au crayon les mots suivants :

> Et est reparti à quatre et un quart, dans la même machine en présence de M. le duc de Chartres et autres.

> Signé : BURGOT, curé de Nesle.

Ce procès-verbal a été signalé dans les journaux de l'époque et dans les ouvrages qui ont enregistré les débuts de la navigation aérienne, notamment dans la *Description des expériences aérostatiques de MM. de Montgolfier,* par Faujas de Saint-Fond (tome II, p. 44, 1784). On raconte même, dans certains écrits du temps, que le major Farrer, gentilhomme anglais, était si ému qu'il dut effacer deux fois son nom.

avant d'arriver à l'écrire lisiblement. Cela est vrai, et les signatures effacées se voient sur la pièce originale. Une bonne gravure de Desrais représente la scène de la signature de ce procès-verbal. Le duc de Chartres (C.-J. d'Orléans), le duc de Fitz-James et le major Farrer, avaient suivi le ballon à cheval, dès le moment de son départ de Paris.

880. — *Pendule figurant le ballon de Charles et Robert aux Tuileries.* — Le ballon qui contient le cadran et le mouvement d'horlogerie est en marbre, avec côtes en cuivre doré. Il est soutenu par des nuages en cuivre doré. Dans la nacelle, en cuivre doré, se trouvent les deux voyageurs aériens; l'un montre le ciel et l'autre regarde à travers une lunette. Sur le socle en marbre blanc et gris, deux personnages en cuivre doré.

881. — *Moules à tablettes de sucre.* — Deux des petits moules représentent des ballons (offert par M. Favier).

<h3 style="text-align:center">VITRINE D.</h3>

882. — *Tableaux de Francisco Vorini.* — *Le triomphe de Lunardi.* — Six tableaux à l'huile, peints sur toile en médaillon de 0ᵐ 22 de diamètre, signés *Francisco Vorini*; genre italien.

Premier tableau. — Lunardi, dans son costume d'officier anglais, est endormi. Son génie protecteur, représenté en déesse, lui montre un aérostat planant dans le Ciel.

Deuxième tableau. — Lunardi est dans la nacelle de son ballon; il rencontre dans le Ciel le char de Jupiter et de Junon.

Troisième tableau. — Lunardi est assis au bord de la mer. Son génie lui montre au loin des naufragés.

Quatrième tableau. — Lunardi vogue en mer au moyen d'un appareil de sauvetage qu'il a inventé. Son génie l'encourage de la main.

Cinquième tableau. — Lunardi, muni de son appareil de sauvetage, rencontre en mer Neptune et Amphitrite. — Ces trois tableaux se rapportent à une remarquable expérience faite par Lunardi dans le port de Calais.

Sixième tableau. — Lunardi, accompagné de son génie protecteur, marche vers le Temple de la Gloire. Il est suivi par une figure grimaçante représentant l'Envie.

Ces six pièces sont d'une belle exécution. Elles proviennent de la célèbre galerie de M. Don Luis de Portilla, de Madrid, dont la vente a eu lieu dans cette ville en 1881.

883. — *Le triomphe de Charles et Robert,* par Naigeon. Dédié à MM. Charles et Robert par leur très humble et très obéissant serviteur, NAIGEON. — Très jolie peinture à l'encre de Chine, datée 1783, représentant l'aérostat de Charles et Robert au milieu des nuages. Autour de la nacelle, des Amours et la Renommée. Au-dessus, le char d'Apollon; ce dieu pose une couronne sur la tête de Charles. Dans un cadre doré, du temps.

(Offert par M. G. Bontemps).

884. — *Cartes des marches aérographiques,* dédiée à M. Charles par son très humble serviteur PERRIER. — Dans un cadre doré, du temps. — Cette curieuse carte donne le tracé des chemins parcourus au-dessus de la surface du sol par les cinq premiers aérostats.

885. — *Toile de Jouy*, à dessins rouges, représentant d'une part, le ballon de Charles et Robert aux Tuileries (1er décembre 1783) et la descente à Gonesse du premier ballon libre lancé du Champ-de-Mars en août 1783.

886. — *Baromètre avec cadre en bois sculpté*, à la partie supérieure duquel est représenté un aérostat.

887. — *Buste de Charles*, l'inventeur du ballon à gaz hydrogène. Attribué à Houdon. Modèle en plâtre offert par M. le Colonel Laussedat.

888. — *Éventail à ballon*.

889. — *Tasse à ballon* en porcelaine de la fabrique du Comte d'Artois.

890. — *Autre tasse à ballon* en porcelaine de Clignancourt.

891. — *Autre tasse à ballon* en pâte tendre de Sèvres.

892. — *Tabatière ronde en pâte brune*, doublée d'écaille. — Sur le couvercle, une charmante gravure sur verre, donnant l'apparence du relief. Le ballon de Charles et Robert, côtes rouge et or, avec nacelle bleu d'azur, s'élève des Tuileries. Les aéronautes agitent des drapeaux ; l'un d'eux laisse tomber son chapeau : au dessous, la foule autour du bassin des Tuileries. (A droite et à gauche, deux grands vases bleu d'azur et or. La composition placée sur ivoire, qui forme le fond du ciel, porte en légende, lettres d'or sur fond d'azur : *Ils volent à l'immortalité*. La composition est entourée d'un cercle d'or finement ciselé.

893. — *Tabatière ronde en ivoire*, avec cercles noirs, doublée d'écaille. — Sur le couvercle, gravure sur verre-donnant l'apparence du relief, représentant le ballon de Blanchard au Champ-de-Mars. L'aérostat, dont l'hémisphère supérieur est doré, est muni d'une rame dans la nacelle. Au-dessous, la foule entre les deux mâts qui ont servi au gonflement. La composition porte en légende, lettres d'or sur fond d'azur : *2 mars 1784*. La plaque de verre placée sur ivoire, qui forme le ciel, est entourée d'un cercle doré finement ciselé.

894. — *Tabatière ronde en ivoire uni*. — Sur le couvercle, une miniature sur ivoire représente l'ascension de Blanchard au Champ-de-Mars. Le ballon est dans les airs ; à terre, quelques spectateurs et les ailes que l'aéronaute n'a pas enlevées. Au fond, l'École militaire. La miniature porte en légende : *Blanchard parti du Champ-de-Mars le 2 mars 1784*. Elle est sous verre et entourée d'un cercle de cuivre.

895. — *Tabatière en cuivre*, doublée d'écaille. — Sur le couvercle, très curieux motif en *repoussé*, figurant la descente d'un ballon au milieu de personnages. Au fond, un moulin et un arbre. En haut, des nuages.

896. — Bonbonnières diverses figurant les principales ascensions aérostatiques.

Vitrine E.

897. — *Toile de Jouy au ballon*. — Un médaillon de la composition représente un groupe de spectateurs qui considèrent un aérostat au moment de son ascension. Un autre médaillon figure Louis XVI sur son trône ; une inscription porte ces mots : *La paix est faite*.

898. — *Almanach aérostatique pour l'année 1785*. — Cet almanach comprend une série de médaillons figurant les premiers ballons. La scène principale représente l'aérostat des frères Robert.

899. — *Montgolfière La Gustave.* — Estampe dans un cadre, représentant le ballon à air chaud élevé à Lyon le 4 juin 1784. La montgolfière était conduite par M. Fleurant, accompagné d'une jeune dame, Mme Tible.

900. — Descente en mer du major Money avec son ballon. Estampe anglaise dans un cadre. L'ascension eut lieu d'Angleterre le 23 juillet 1785. Le major Money, tombé en mer, fut sauvé par un navire.

901. — *Éventail.* — Monture en bois noir, avec incrustation d'ivoire. Éventail populaire en papier imprimé et peint. Le sujet figuré représente le ballon de Charles et Robert aux Tuileries, avec la légende: *Bon Voyage.* Derrière est imprimée une *Chanson à la gloire de MM. Charles et Robert* (cinq couplets).

902. — *Éventail.* — En os et papier imprimé peint. — Médaillon central : Ascension de Charles dans la prairie de Nesle, le 1er décembre 1783, après la signature du procès-verbal. — Derrière, chanson avec musique intitulée : *Historique du globe enlevé aux Tuileries le 1er décembre 1783.* Air : *Le Curé de Dôle.*

903. — Éventails divers au ballon.

904. — *Saladier au ballon.* 1784.

905. — *Pendule Louis XVI en forme de ballon.* — Aérostat de Charles et Rober du 1er décembre 1783.

VITRINE F.

906. — *Pendule* figurant le ballon de Charles et Robert. — L'aréostat en marbre blanc avec cuivre doré, contient le cadran et le mouvement d'horlogerie. Il est monté entre deux colonnes de marbre avec cuivre doré. Dans la nacelle deux voyageurs aériens en cuivre doré. Au-dessus du ballon, un vase surmonté de fleurs en cuivre doré. Sur le socle de marbre le tricorne de Charles, tombé de la nacelle, est incrusté.

907. — *Bonbonnière en vermeil*, portant sur ses six faces l'histoire des premiers ballons, en miniature d'une grande finesse. Nous énumérons les six miniatures. Sur le couvercle : Ballon à gaz de Charles et Robert s'élevant devant le château des Tuileries, en présence de la foule, avec la légende : *Expérience du 1er décembre 1783.* — Sur le fond de la boîte : Ballon à air chaud de Pilâtre de Rozier et de d'Arlandes, au-dessus de Paris, avec légende : *Ascension de la Muette, 1783.* Sur les côtés de la bonbonnière, on voit figurés : le premier ballon à air chaud lancé à Annonay en 1783, l'expérience de Versailles, le transport du premier ballon à gaz au Champ-de-Mars, et la descente du même ballon à Gonesse. Les miniatures, protégées par un verre, sont d'une incomparable finesse.

908. — *Pupitre en marqueterie*, flamand. — Le couvercle représente, en marqueterie, l'aérostat de Blanchard et Jeffries, au moment où ils ont traversé la Manche (1785). A terre, un laboureur et sa charrue et un autre personnage regardent le ballon.

909. — *Album contenant des échantillons d'étoffe* des ballons de Blanchard et Jeffries, de Pilâtre de Rozier, de Coutelle à Fleurus, et de Gay-Lussac. (Ces échantillons proviennent des musées de Calais, de Boulogne, de la ville de Metz et du Conservatoire des Arts et Métiers. Ils ont été donnés par les Conservateurs).

910. — Tableau exécuté pendant le siège de Paris, figurant l'aérostat captif de la
place Saint-Pierre, à Montmartre (Offert par M. E. Bourdou).

911. — *Jeu du Dauphin à ballon.* Ce jeu analogue au loto avait grand succès sous
Louis XVI. Quand les ballons parurent on remplaça les pièces qui
avaient la forme d'un dauphin, par un petit ballon.

912. — *Plat d'étain* figurant l'ascension de Blanchard et Jeffries en 1785 (Traversée
de la Manche).

913. — *Autre plat d'étain* avec ballon gravé.

914. — Petite tasse d'enfant en pâte tendre de Sèvres, avec ballon dans le
décor.

915. — Moteur dynamo-électrique du modèle de l'aérostat dirigeable électrique de
M. Gaston Tissandier. Ce petit aérostat a figuré à l'Exposition d'Électricité de Paris en 1881. Le moteur a été construit par M. Trouvé.

916. — Modèle de l'hélice de l'aérostat électrique de MM. Tissandier. Construit par
M. V. Tatin.

VITRINE G.

917. — *Fontaine de cuivre*, de l'époque de la Révolution. — Sur la fontaine, un
ballon est gravé avec la légende : *Vive la nation ;* sur le bassin inférieur
est un coq avec la légende : *Je veille sur la nation.*

918. — Toile de Jouy avec ballons dans la bordure du dessin.

919. — Médaillon de Gay-Lussac, par David, d'Angers.

920. — Médaille en bronze de Gay-Lussac.

921. — Soupape du ballon de Gay-Lussac. Ascension à grande hauteur de 1804. —
(Appartient au Conservatoire national des Arts et Métiers).

922. — Extrémité du gonflement à l'hydrogène du ballon de Gay-Lussac (Appartient au Conservatoire national des Arts et Métiers).

923. — Buste de M. Bixio, qui a exécuté avec M. Barral la mémorable ascension à
grande hauteur (7,030 m.) du 27 juillet 1850.

924. — Médaille des aéronautes du siège de Paris. Offerte par la ville de Paris aux
aéronautes du siège.

925 — Médaille commémorative de l'ascension dans le grand ballon captif à vapeur
de Henry Giffard en 1878.

926. — Expérience du premier aérostat électrique de MM. Tissandier frères en
1783. Photographies du ballon.

VITRINE H.

927. — *Affiche chinoise* faite au Tonkin, représentant les aérostats captifs de l'armée française.

928. — *Autre affiche chinoise* faite au Tonkin, représentant les aérostats captifs
de l'armée française.

929. — *Plat en faïence* représentant le ballon dirigeable *La France.* Ce plat,
exécuté à la fabrique de Creil, a été copié sur une pièce de Sèvres.

930. — *Aquarelle* de Myrbach, représentant la mort du marin Prince, aéronaute
du siège de Paris, perdu au milieu de l'Océan Atlantique. Le marin
Prince était parti de Paris le 30 novembre 1870.

931. — *Tableaux de la catastrophe du « Zénith »* par Férat. — Le premier tableau
représente la nacelle du *Zénith*, à 8,600 mètres d'altitude au-dessus
d'une mer de nuages. Le deuxième tableau montre les cadavres de
Crocé-Spinelli et de Sivel, sortis de la nacelle. Le troisième tableau
donne le spectacle du transport des corps des victimes de Ciron, à Le
Blanc (Indre), 15 août 1875. Ces scènes très exactes ont été reconsti-
tuées par M. Férat, sur les indications de M. Gaston Tissandier, sur-
vivant de la catastrophe.

932. — *Portrait de Crocé-Spinelli*, ingénieur des arts et manufactures, mort pour
la science à 8,600 mètres d'altitude.

933. — *Portrait de Sivel*, ancien officier de marine, mort pour la science à 8,600
mètres d'altitude.

934. — *Coupe en émail*, en émail brun, représentant le ballon *Le Céleste*, sorti de
Paris assiégé le 30 septembre 1870, par Mlle J. A. Blot.

935. — *Plat en faïence* commémoratif de la catastrophe du *Zénith*, par M. L. O.
Scribe.

936. — *Série d'assiettes de faïence modernes* de la fabrique de Nevers, exécutées
par M. Albert Tissandier. Ces assiettes continuent l'histoire des ballons,
depuis le commencement du XIX⁰ siècle jusqu'à nos jours.

937. — *Un ballon du siège de Paris*, passant au-dessus d'un camp prussien et
assailli par la fusillade. Aquarelle de Gilbert, d'après les indications de
M. Gaston Tissandier.

938. — *Coupe de faïence* sur le ballon dirigeable électrique de MM. Tissandier.
Exécuté par M. Lachanel, sur le dessin de M. Albert Tissandier.

Pupitres vitrés du Pourtour et des Galeries latérales.

A l'entrée des galeries sont suspendus deux aérostats, l'un est le
modèle de la Montgolfière de Pilâtre de Rozier et d'Arlandes (1783),
l'autre, le modèle du ballon à gaz de Charles (1783). La nacelle réduite
de ce petit modèle appartient au Conservatoire national des Arts-et-
Métiers.

Au milieu de l'Exposition aéronautique est suspendu un ballon en
soie de Chine pour un voyageur. Ce ballon, de 380 mètres cubes, a
été construit par M. Lachambre.

Les pupitres vitrés contiennent une série de plusieurs centaines
d'estampes, représentant les ascensions aérostatiques et les projets
de navigation aérienne, depuis l'origine des ballons jusqu'à nos

jours, depuis le premier ballon d'Annonay jusqu'au ballon dirigeable *La France*. La collection comprend aussi des pièces humoristiques de l'origine des ballons, caricatures, compositions de fantaisie, etc.

Des dessins, faits d'après nature par M. A. Tissandier, représentent les paysages aériens, les effets de nuages observés en ballon, et les épisodes accidentés de la descente.

TABLE DES MATIÈRES

www.ingramcontent.com/pod-product-compliance
Lightning Source LLC
LaVergne TN
LVHW021748060726
842528LV00003B/847